collection SPORT et CONNAISSANCE
dirigée par Borhane Erraïs

biologie appliquée au sport :

suivi physiologique, préparation biologique

docteur alain garnier, docteur jean-denis rouillon

biologie appliquée au sport :

suivi physiologique, préparation biologique

éditions amphora s.a.
14, rue de l'Odéon, 75006 PARIS

Collection « SPORT et CONNAISSANCE »

La présente collection a pour ambition de répondre aux multiples questions théoriques et pédagogiques que posent la pratique sportive et les activités physiques aux animateurs, enseignants et entraîneurs. Elle se veut en même temps le lieu d'une réflexion sur les pratiques corporelles, sportives ou simplement ludiques.

Dans la même collection

JEUX ET EXERCICES D'ATHLÉTISME, D. Marchal.

NATATION, du débutant à l'international, M. Pédroletti.

LES ACTIVITÉS PHYSIQUES ET SPORTIVES, G. Pouillart.

EXERCICES DE TENNIS, E. Alessandrini et Cl. Garez.

ENTRAÎNEMENT ET ALIMENTATION DU SPORTIF, Dr. A. Gally, G. et Ph. Robert.

GUIDE PRATIQUE D'EXERCICES PHYSIQUES DU 3e AGE, A. Louvard.

HANDBALL préparation spécifique, P. Landuré et L. Horvath.

HISTOIRE DE LA DANSE Tome 2 de la renaissance à la révolution, G. Prudhommeau.

GUIDE DES MÉTIERS DU SPORT, R. Roger.

LA PRÉPARATION AUX ÉPREUVES ÉCRITES/ORALES DES EXAMENS SPORTIFS, J.-L. Hillion.

QUESTIONS-RÉPONSES DE SCIENCES BIOLOGIQUES B.E.E.S. 1 et 2, Dr Ph. Artigala.

SANTÉ ET ACTIVITÉS PHYSIQUES, Dr A. Renault.

COURS, EXERCICES et DEVOIRS pour la préparation du B.E.E.S. 1er degré (5 volumes).

Collection Sport et Connaissance dirigée par Borhane Erraïs

ISBN 2-85180-227-5

SOMMAIRE

INTRODUCTION 11

Chapitre 1 : LES DÉTERMINANTS PHYSIOLOGIQUES IMPLIQUÉS DANS L'ACTIVITÉ PHYSIQUE ET LA PERFORMANCE 15

1.1. *Les déterminants bioénergétiques des puissances et des capacités de travail : VO_2 max, seuils aéro-anaérobies, puissances et capacités* 16

1.1.1. Introduction 16

1.1.2. Relation entre la consommation d'oxygène, l'utilisation des substrats et les filières énergétiques 17

1.1.3. Évaluation de la consommation maximale d'oxygène (VO_2 max) d'un sujet 21

1.1.3.1. Les méthodes dites indirectes de détermination de la VO_2 max 21

1.1.3.2. Les méthodes directes de détermination de la VO_2 max 22

1.1.3.3. Fréquence des épreuves de VO_2 23

1.1.4. Notion de seuil aéro-anaérobie 24

1.1.5. Choix de l'ergomètre utilisé pour l'évaluation des paramètres bioénergétiques 25

1.1.6. Interprétation et utilisation des résultats des tests bioénergétiques 26

1.1.7. Effet de l'entraînement sur le seuil aéro-anaérobie 29

1.1.8. Aspect métabolique : synchronisation de l'utilisation des substrats en fonction du niveau de puissance et de la durée de l'exercice 31

1.1.8.1. Introduction 31

1.1.8.2. Chronologie et proportion des substrats utilisés selon le type d'exercice 31

1.1.8.2.1. Exercices à puissance maximale durant quelques secondes (haltérophilie, lancers, sauts...) 31

1.1.8.2.2. Exercices à puissance maximale relative d'une durée inférieure à trois minutes 32

1.1.8.2.3. Exercices à puissance moyenne et de durée supérieure à trois minutes 34

1.2. *Les paramètres staturo-pondéraux* 38

1.3. *Le renouvellement du tissu musculaire et des protéines non contractiles par la pratique sportive* 43
1.3.1. Aspect général 43
1.3.2. Le cycle des protéines et leur renouvellement .. 43
1.3.3. Particularités physiologiques des protéines non contractiles (tissu conjonctif) et conséquences pratiques en sport : schéma corporel, souplesse, rendement musculaire et prévention des accidents 46

Chapitre 2 : LES TESTS DE TERRAIN UTILISABLES POUR L'ÉVALUATION ET LE SUIVI DE L'ENTRAÎNEMENT DU SPORTIF 51

2.1. *Introduction* 52

2.2. *Paramètres les plus courants utilisables pour la réalisation des tests de terrain* 53
2.2.1. La puissance développée 53
2.2.2. La fréquence cardiaque 54
2.2.3. Le taux de lactate ou lactatémie 55
2.2.4. Le pH sanguin. Évaluation de l'acidose 57
2.2.5. La glycémie 58

2.3. *Les test de terrain les plus courants* 60
2.3.1. Évaluation biologique sur tests chronomètrés ... 60
2.3.2. Détermination du seuil aéro-anaérobie sur le terrain 62
2.3.2.1. Méthode empirique par exploitation des enregistrements de fréquence cardiaque en course 62
2.3.2.2. Méthode empirique par tâtonnement 64
2.3.2.3. Méthodes scientifiques transposées du laboratoire 64
2.3.3. Évaluation biologique sur séance d'intervalle aérobie 66

Chapitre 3 : LES DÉTERMINANTS BIOLOGIQUES IMPLIQUÉS DANS L'ACTIVITÉ PHYSIQUE ET LA PERFORMANCE.
STATUT NUTRITIONNEL. SUIVI BIOLOGIQUE. PARAMÈTRES BIOLOGIQUES 67

3.1. Le statut nutritionnel de l'athlète 68

3.2. Le suivi biologique 69
3.2.1. Introduction 69
3.2.2. Les paramètres biologiques sanguins de base accessibles par les analyses médicales 71

3.2.2.1. Aspect général et choix éclairé des paramètres les plus pertinents 71
3.2.2.2. Paramètres liés au transport de l'oxygène 73
3.2.2.2.1. Taux d'hémoglobine 74
3.2.2.2.2. Numération des globules rouges ou érythrocytes. Paramètres globulaires 79
3.2.2.3. Numération des globules blancs ou leucocytes et formule leucocytaire 79
3.2.2.4. Le fer (fer sérique, ferritine) 81
3.2.2.4.1. Aspect général 81
3.2.2.4.2. Surveillance du statut en fer 86
3.2.2.5. Effet des aliments sur la régulation acido-basique 88
3.2.2.6. Le magnésium 89
3.2.2.6.1. Aspect général 89
3.2.2.6.2. La physiologie du magnésium 90
3.2.2.6.3. Magnésium et diététique. Suivi du statut magnésique 92
3.2.2.7. Les oligo-éléments : sélénium, manganèse, cuivre, cobalt, zinc 96
3.2.2.8. Électrophorèse des protéines et vitesse de sédimentation des éléments figurés. Inflammation. Prévention des infections 97
3.2.2.9. Dosage des enzymes musculaires 100
3.2.2.10. Paramètres liés au catabolisme des protides : urée, créatinine, acide urique 101
3.2.2.11. Les macroéléments minéraux : sodium, potassium, chlorure, phosphore et calcium 103
3.2.2.12. Dosages hormonaux sanguins et urinaires 103

Chapitre 4 : LES FACTEURS LIMITANTS ET LEURS COMPENSATIONS (avant, pendant et après l'effort) 105

4.1. Perturbations biologiques induites par l'effort 106
4.1.1. Introduction 106
4.1.2. Métabolisme du glucose 106
4.1.2.1. Le glucose 106
4.1.2.2. Obtention des réserves maximales avant l'exercice 111
4.1.2.3. Apports glucidiques avant l'épreuve 115
4.1.2.4. Le sucre pendant l'effort 118
4.1.2.5. La restauration glycémique 122
4.1.3. L'acidose 125
4.1.4. L'eau. Les électrolytes. La déshydratation. La réhydratation 128
4.1.4.1. La répartition de l'eau. Sudation. Déshydratation 128

4.1.4.2. La compensation physiologique 133
4.1.4.3. La boisson à l'effort 134

4.2. Le surentraînement 137
4.2.1. Aspect général 137
4.2.2. Les signes cardio-vasculaires 137
4.2.3. Les signes biologiques visibles sur les analyses de sang 139

Chapitre 5 : LES STAGES D'ALTITUDE 143

Bibliographie 149

INTRODUCTION

Du fait du peu d'informations disponibles en matière de biologie du sport pour un large public, et d'autre part de l'expérience que nous avons acquise par des années au contact de sportifs de haut niveau pour assurer leur préparation biologique et leur suivi, est née l'idée d'écrire ce livre.

Dans ce domaine comme dans beaucoup d'autres, pressé par la demande d'un public sportif de plus en plus informé et exigeant, la tentation est grande d'utiliser des techniques ou des moyens n'ayant pas fait la preuve de leur efficacité ou de leur innocuité et dont on connaît mal les règles d'emploi.

Au delà du bouche à oreille, de la recette miracle qui fabrique des champions au fond des vestiaires, nous avons tenté de réunir en une sorte de guide, que nous souhaitons pratique et accessible à tous ceux qui se sont posés les questions que nous abordons, les connaissances actuelles pratiques en biologie du sport applicables au sportif pour le développement optimal de son potentiel dans le respect de son capital de santé.

Il ne s'agit pas d'un ouvrage universitaire concernant quelques spécialistes, il ne s'agit pas non plus d'une compilation de réflexes thérapeutiques plus ou moins empiriques. La biologie du sport et son prolongement direct, la préparation biologique, ne constituent pas plus une panacée. Elle ne remplace pas l'entraînement, mais au contraire l'optimise dans la mesure où elle contribue à le rendre payant au niveau de la performance, en évacuant l'empirisme des stades.

La biologie du sport ne peut cependant consister en une simple application, au coup par coup, des connaissances fragmentaires de la physiologie, de la biologie humaine ou de la pathologie. Certains éléments sont transposables directement, d'autres sont très spécifiques du sujet sportif et nécessitent une interprétation spécifique. Les connaissances scientifiques de biologie du sport sont en pleine évolution et nombreuses questions sont, à ce jour, restées sans réponse satisfaisante. S'il ne fallait évoquer que ce qui est scientifiquement incontestable et démontré par le détail, cet ouvrage serait bien mince, décevant et déconcertant par la somme des lapalissades qu'il contiendrait. Face à la demande, il nous faut apporter les meilleures réponses ou hypothèses actuelles, à défaut de pouvoir en affirmer une seule.

La pratique sportive ne protège pas de toutes les maladies et de tous les désordres. Au-delà d'une certaine quantité d'entraînement, fonction de son contenu et de la tolérance individuelle, le sport peut provoquer des anomalies plus ou moins profondes, graves ou réversibles qui ne répondent que très imparfaitement, dans la plupart des cas, aux thérapeutiques de la pathologie classique.

La prévention doit également faire partie intégrante de la préparation biologique ; à ce titre la recherche d'un équilibre nutritionnel satisfaisant tout au long de l'année, sera la meilleure garantie d'obtenir un statut vitaminique ou minéral adapté, et par là même une « efficacité biologique » maximale, sans le recours à des produits miracles. Ce livre, n'étant pas un recueil de nutrition, ne fera que traiter les rapports directs entre les facteurs alimentaires et l'équilibre biologique.

Le sportif ne perçoit pas toujours clairement, en temps opportun, le dérapage progressif qui le conduit parfois vers la méforme et la contre-performance. Il sait par contre, par expérience, que le retour au meilleur niveau est lent, difficile et incertain. Le dépistage biologique peut l'avertir de façon plus précoce et pertinente, et lui faire ainsi gagner un temps précieux. On peut déjà préciser ici qu'une séance d'entraînement n'est jamais neutre : elle ne peut être que bénéfique ou destructrice en fonction de l'état physiologique et biologique du moment. La poursuite à tout prix d'un entraînement excédentaire ou inadapté ne se justifie donc jamais et connaîtra toujours des conséquences néfastes.

La biologie du sport dispose de connaissances et de moyens qui peuvent maintenir, développer ou restaurer le potentiel individuel. En aucun cas, ce ne peut être sous la forme d'une action ponctuelle. Le sportif, plus que quiconque, veut être à nouveau sur pied le plus vite possible. Il ne supporte pas de se sentir diminué et, s'il feint de l'ignorer, le chronomètre ou l'entraîneur sont là pour lui rappeler perpétuellement la réalité de son état. Les entraînements intensifs et les compétitions dégradent partiellement et réversiblement le sujet et il est admis que cela fasse partie intégrante du sport. Notre opinion, qui résulte de connaissances actuelles de biologie du sport, est qu'il est possible de prévoir, de prévenir par un suivi et une préparation biologique adaptés. Cela nécessite une politique à long terme qui participe à la valorisation et à l'optimisation du potentiel individuel, dont l'histoire nous apprend que nous le sous-évaluons toujours.

La diminution des contre-performances, des inaptitudes temporaires et l'amélioration constante des performances peuvent être considérées comme des critères d'efficacité de cette approche. Une preuve supplémentaire d'efficacité réside dans la diminution des thérapeuti-

ques médicales curatives dont le sportif, qui ne bénéficie pas d'un suivi biologique efficace, est inévitablement un gros consommateur.

Ce livre s'adresse en priorité, mais pas exclusivement, au sportif d'endurance qui s'entraîne plusieurs fois par semaine. Ceux qui pratiquent des disciplines en résistance sont également concernés, ne serait-ce que par le fait que ce type d'activité sous-entend aussi un entraînement foncier important et indispensable dont le volume les rapproche des sports d'endurance.

À défaut d'être toujours strictement scientifique au sens où on l'entend dans le domaine de la recherche fondamentale, notre approche se veut au minimum rationnelle dans l'application des connaissances utiles pour le sportif, dans le respect de sa santé. Notre objectif n'est pas de réaliser un guide complet qui transformerait le néophyte en spécialiste omnipotent et permettrait au sportif de gérer seul sa santé et de négliger les conseils de son équipe d'encadrement technique et médicale, mais plutôt de lui permettre de mieux comprendre et de mieux utiliser les connaissances qu'il peut trouver dans les ouvrages qui existent déjà et qui, pour la plupart, sont cités en bibliographie au fil du texte ou en fin de chapitre. Cela doit favoriser l'établissement d'un climat de confiance et d'un travail d'équipe qui vont permettre de mieux individualiser le suivi et l'entraînement du sportif et, au-delà, de protéger contre la recherche de la performance artificiellement acquise par des moyens illégaux et dangereux. Pour cela, il est du devoir de chacun de mettre en œuvre tous les moyens disponibles, ce qui ne signifie en aucun cas faire n'importe quoi. L'époque est révolue où les « bons géants » montaient sur les podiums grâce à leurs seules qualités naturelles. Quel que soit son niveau, l'athlète est de moins en moins un simple exécutant et sa performance résulte de plus en plus d'un travail d'équipe.

Au delà de l'analyse des résultats sportifs qui ne peut conduire qu'à une interprétation grossière de l'évolution des aptitudes du sujet ou à des hypothèses, l'utilisation de moyens objectifs et reproductibles d'évaluation des points forts et des points faibles du sujet appartenant au domaine de la biologie, et de la physiologie, doit permettre une remise en cause permanente et une réorientation éventuelle de la préparation du sportif.

Ceux qui, attirés par le titre de ce livre, en attendent des indications sur des substances médicamenteuses nouvelles améliorant la performance et non encore interdites seront déçus. Par respect pour la santé du sport et l'esprit même du sport, tous les produits que nous citons sont des produits naturels présents normalement dans l'alimentation, c'est-à-dire appartenant aux nutriments énergétiques ou non énergétiques. Il ne s'agit en aucun cas de médicaments xénobiotiques (étrangers à la biologie) ou, à plus forte raison, de composés susceptibles de modifier directement les régulations nerveuses ou hormonales (psychotropes, psychostimulants, hormones naturelles ou artificielles...).

Ces régulations sont indispensables à la défense et aux adaptations de notre organisme aux contraintes de l'environnement et à la pratique physique. Les court-circuiter ne peut que mettre en danger l'intégrité physique ou mentale du sujet à plus ou moins long terme.

Dans la mesure du possible, nos sources bibliographiques sont citées de façon à permettre au lecteur de retrouver les éléments scientifiques de base les mieux établis. Notre but est atteint si nous remplissons ce rôle de « mode d'emploi de la biologie du sport » au service du sportif, de son encadrement et enfin du sport. Il ne peut en aucun cas remplacer l'encadrement médical.

CHAPITRE 1

LES DÉTERMINANTS PHYSIOLOGIQUES IMPLIQUÉS DANS L'ACTIVITÉ PHYSIQUE ET LA PERFORMANCE

1.1. Déterminants bioénergétiques des puissances et des capacités de travail = VO_2 max, seuils aéro-anaérobies, puissances et capacités.

1.1.1. INTRODUCTION

Dans ce chapitre comme dans beaucoup d'autres l'interdépendance des paramètres est la règle. Tout exercice physique met obligatoirement en jeu la fonction cardiaque, la fonction respiratoire et le muscle. S'il est vrai que la phase mécanique concerne essentiellement le muscle, il ne faut pas perdre de vue qu'elle ne peut se dérouler dans de bonnes conditions que si le cœur et les vaisseaux assurent le pompage du sang transporteur de l'hémoglobine et des substrats énergétiques. L'hémoglobine elle-même transportant l'oxygène captée au niveau du poumon, aucun de ces paramètres n'est opérant sans la participation des autres au même niveau relatif d'activation. Certaines erreurs commises viennent du fait qu'on ne s'intéresse souvent qu'au lien existant entre deux paramètres en négligeant les autres relations. Dans ce domaine comme dans d'autres, l'effet de mode est important et s'opère aux détriments des autres paramètres qui, de ce fait, deviennent des facteurs limitants. La ventilation est à notre avis un exemple actuel démonstratif. A l'abri de formules plus ou moins bien comprises et extrapolées de la physiologie de repos telle que « la ventilation n'est pas le facteur limitant de l'oxygènation du sang », on observe couramment, même dans le haut niveau, des situations d'effort où, de toute évidence, le sujet ventile mal et passe en acidose lactique de façon anticipée, ce qui, en aucun cas, ne peut être considéré comme un facteur favorisant la performance.

1.1.2. RELATION ENTRE LA CONSOMMATION D'OXYGÈNE, L'UTILISATION DES SUBSTRATS ET DES FILIÈRES ÉNERGÉTIQUES

La cascade de l'oxygène (voir schéma p. 18) figure en bonne place dans tous les nombreux bons ouvrages universitaires ou de large diffusion de physiologie du sport. La transposition des données qu'elle apporte pour l'entraînement, en particulier l'incontournable règle des gradients de concentration en oxygène, doit être systématique pour obtenir le meilleur développement du potentiel de l'athlète. Unaninemement, la VO_2 max est reconnue comme l'un des principaux facteurs composites définissant le niveau d'aptitude bioénergétique d'un sujet. Au-delà, même dans des sports peu énergétiques comme les sports mécaniques, la notion de condition physique est considérée aujourd'hui comme un prérequis à l'entraînabilité, à la diminution de la fatigabilité et à la performance. Les pratiques d'endurance rentrent depuis quelques années dans la préparation physique de nos champions dans ces disciplines. Biochimiquement, la complexité des mécanismes de production d'énergie est énorme. Seuls quelques spécialistes mondiaux connaissent réellement, par le détail cette question et de nombreuses recherches seront encore nécessaires pour apporter des réponses satisfaisantes et complètes à des questions en apparence aussi simple que l'origine de la fatigue musculaire par exemple.

Loin des formules inaccessibles au non spécialiste, la bioénergétique aérobie peut être schématiquement résumée à une seule formule compréhensible par tous :

$$2H + 1/2\ O_2 \rightarrow H_2O + \text{énergie}$$

En d'autres termes, l'oxygène que nous prélevons dans l'air ambiant où il est présent à la concentration de 20,93 % est couplé au niveau de nos cellules à des atomes d'hydrogène prélevés sur les substrats que la digestion et d'autres réactions chimiques ont préparé dans notre organisme à partir du contenu de notre assiette. Qu'il s'agisse de glucides, de lipides ou plus accessoirement de protéines, la finalité des métabolismes oxydatifs, le cycle de Krebs en particulier, est de prélever sur les nutriments énergétiques des atomes d'hydrogène et de les transporter jusqu'aux chaînes respiratoires mitochondriales par des coenzymes tels que le NAD ou le FAD se comportant comme des

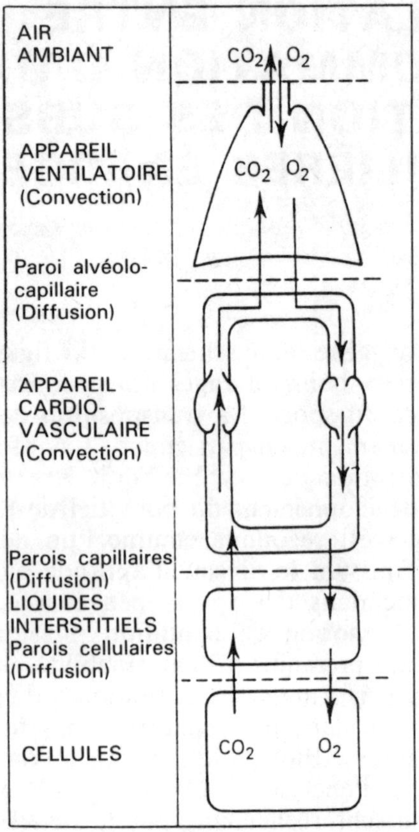

— Le système d'échanges gazeux : la cascade de l'oxygène

navettes de transport. Les chaînes respiratoires sont comparables à la buse d'un chalumeau oxyhydrique ou la tuyère d'une fusée à l'hydrogène. D'un côté entrent en proportion stoechiométrique adaptée l'hydrogène et l'oxygène ; de l'autre côté ressortent de l'eau et de l'énergie sous forme d'ATP. Cette réaction d'oxydo-réduction qui associe l'élément chimiquement le plus réduit de la classification périodique des éléments, l'hydrogène, à l'élément le plus oxydant, l'oxygène, de la même classification, en conditions biologiques spontanées, est la plus exergonique connue, c'est-à-dire celle qui donne la plus forte quantité d'énergie possible entre deux éléments de cette classification. Les biochimistes discutent encore sur les différences de bilan qui existent entre les différents substrats. Les valeurs actuellement avancées qui diffèrent légèrement des valeurs classiquement rapportées dans la littérature sont de 36 ATP produits par l'ensemble indissociable des phosphorylations de substrat et des phosphorylations oxydatives concernant le glucose et 49 ATP produits par les phosphorylations oxydatives concernant les lipides rapportés à un composé à 6 atomes de carbone. Une des difficultés de ce type d'étude vient du fait que, contrairement aux glucides qui sont représentés au niveau de leur transport sanguin et de leur diffusion tissulaire presque exclusivement par le glucose, il existe pour les lipides, un grand nombre de formules possibles en fonction de la longueur des chaînes des acides gras qui les constituent et du nombre de doubles liaisons (acides gras saturés et insaturés). Quoi qu'il en soit, l'oxydation des lipides produit plus d'énergie que celle des glucides. Il serait cependant abusif de conclure à la supériorité des lipides par rapport aux glucides. Cette supériorité de rendement est vraie tant qu'il s'agit de situations où les apports en oxygène ne constituent pas un facteur limitant, c'est-à-dire tant que le niveau de puissance se situe au dessous du seuil aéro-anaérobie.

Au delà, progressivement, la consommation d'oxygène devient un facteur limitant bio-énergétique majeur. Alors se pose la question du rendement des divers substrats utilisables par le muscle par litre d'oxygène disponible. La réponse est alors en faveur de l'utilisation du glucose. En effet, les lipides sont plus énergétiques, mais plus gourmand en oxygène pour libérer leur énergie par rapport aux glucides. La différence est sensible puisqu'il a été mesuré qu'un litre d'oxygène qui oxyde du glucose produit 5,05 Cal alors qu'il ne produit que 4,69 Cal s'il est utilisé pour oxyder des lipides soit quelques 8 % d'écart. Donc s'il est vrai que les athlètes même les plus minces possèdent des stocks d'énergie potentielle de nature lipidique énormes à l'échelle des dépenses qui les concernent, s'il est vrai que jusqu'au seuil aéro-anérobie, le fait d'utiliser majoritairement (jusqu'à 9/10 de la fourniture énergétique chez les athlètes entraînés) des lipides réalisent une économie des autres substrats (glucides et acides aminés), il est également vrai que le meilleur rendement énergétique sera obtenu au dessus du seuil par l'oxydation exclusive du glucose. Cette notion doit être prise en compte pour l'entraînement. Quelle que soit la discipline sportive, l'entraînement en endurance s'il est prépondérant conduira progressivement le sujet à mettre en route de plus en plus tôt, après le début de la séance, les mécanismes de la lipolyse dont le pourcentage de participation à la fourniture énergétique augmentera graduellement jusqu'à atteindre la valeur non transgressable de 90 %. Pour des raisons biochimiques démontrées, la lipolyse ne peut se faire de façon satisfaisante, c'est-à-dire sans accumulation de composés potentiellement toxiques comme les corps cétoniques, que si une quantité suffisante d'oxalo-acétate existe pour faire rentrer les unités bicarbonées d'acétyl coenzymes A provenant de la béta oxydation des acides gras libres dans le cycle de Krebs. Cet oxalo-acétate dérive de la glycolyse. Il a été établi qu'un minimum de 10 % de glycolyse dans la fourniture énergétique était nécessaire. Ceci est résumé par la formule classique : les lipides brûlent au feu des glucides.

Le développement de la lipolyse n'a cependant pas que des avantages et, suite à des entraînements où l'endurance prédomine, il apparaît chez le sujet une diminution de son aptitude à transgresser le seuil aéro-anaérobie. Dans le jargon des entraîneurs, l'athlète tourne comme un diesel. Ce phénomène se développe plus ou moins rapidement selon les sujets. Quelque fois 6 à 9 mois suffisent pour observer ce phénomène qui s'assortit la plupart du temps d'une diminution de la fréquence cardiaque maximale qui est alors plus proche de 200 moins l'âge du sujet que de la classique référence statistique 220 moins l'âge du sujet. La fréquence de repos est alors également plus basse. Elle peut être inférieure à trente pulsations minutes. Dans cette situation le sujet a perdu l'essentiel de sa puissance et de sa capacité anaérobie. Cela peut être préjudiciable dans certains sports où les compétitions ne se déroulent pas exclusivement à une puissance correspondant au seuil aéro-anaérobie. On observe alors chez ces sujets une inaptitude relative à « faire du lactate ». Les taux maximaux sanguins étant en épreuve progressivement croissante inférieurs à 6 mmoles.

Ce type d'entraînement conduit à des aptitudes aérobies de bon niveau, mais pénalise le sujet si la pratique impose des changements de rythme de course importants puisque sa capacité de travail anaérobie, sa tolérance à l'acidose lactique, son aptitude à reconsommer les lactates produits, à rétablir son équilibre acido-basique et à payer sa dette d'oxygène sont diminués. On peut de plus ajouter que ce type d'entraînement trop partiel pour la plupart des sports ne favorise pas un recul du seuil aéro-anaérobie vers les hautes puissances. Il ne permet donc pas à priori le développement harmonieux des potentiels aérobies et anaérobies dont l'addition constitue un facteur très important de performance. Les plans d'entraînements visant à l'amélioration de la capacité aérobie du sujet qui incluent précocément un petit pourcentage d'entraînement fractionné anaérobie alactique, puis progressivement anaérobie lactique, évitent cet écueil. Le retour d'un sujet « dièsèlisé » à une aptitude mixte est toujours possible mais relativement lent. Il faudra approximativement la même durée d'entraînement mixte que la durée qui avait développé cette aptitude partielle.

1.1.3. ÉVALUATION DE LA CONSOMMATION MAXIMALE D'OXYGÈNE (VO_2 max) D'UN SUJET

De nombreuses méthodes d'évaluation décrites dans de nombreuses publications sont utilisables. Une revue sur ce sujet dépasserait le cadre de cet ouvrage. C'est donc de l'interprétation des résultats des diverses méthodes dont il nous semble important de parler.

1.1.3.1. LES MÉTHODES DITES INDIRECTES DE DÉTERMINATION DE VO_2 max.

Toutes les méthodes, celles d'Astrand, de Luc Leger, de Cooper..., reposent sur des corrélations statistiques entre la puissance, la fréquence cardiaque et la consommation d'oxygène. L'épreuve réalisée par le sujet évalue un ou deux de ces paramètres, le troisième en est déduit sur la base de courbes, de tableaux ou d'abaque. Il est donc abusif d'utiliser le terme de mesure de VO_2 max. Il s'agit en fait de l'estimation d'une sorte d'indice de VO_2 max. Cette nuance est à l'origine des discordances quelquefois très grandes entre les résultats des méthodes indirectes et des méthodes directes. Cette confusion regrettable porte à tort préjudice à ces irremplaçables méthodes d'évaluation des capacités aérobies. Cela ne signifie nullement que ces méthodes indirectes soient à rejeter. Dans la mesure où le matériel utilisé est fiable et la méthode appliquée rigoureusement, elles sont tout à fait satisfaisantes parce que très reproductibles. Leur fondement même n'autorise toutefois pas à procéder à des comparaisons entre individus. Le classement obtenu pourrait être notoirement différent avec des méthodes directes. Ces méthodes indirectes ne sont justes que si le sujet est exactement « représentatif » de la population de base ayant servi à l'établissement des corrélations. Il faudrait pouvoir vérifier cela avant d'appliquer ces méthodes à quiconque. En pratique cela est impossible. A ce sujet, un point est particulièrement important à considérer pour savoir si telle ou telle méthode est applicable à tel ou tel sujet. Il s'agit de la fréquence cardiaque maximale. Un grand nombre de ces méthodes ne sont valables que si le sujet atteint effectivement sa valeur théorique fixée à 220 moins âge (en année). En pratique un fort pourcentage de la population s'écarte de façon importante de cette valeur. A condition d'utiliser le même matériel et le même protocole ces méthodes indirectes sont utilisables pour estimer l'évolution des aptitudes d'un sujet. Leur mise en œuvre est relativement simple, leur coût est très raisonnable par rapport aux méthodes directes. Elles sont très adaptées au suivi des sportifs en pratique courante. La mesure de la fréquence cardiaque peut être réalisée avantageusement par les cardiofréquence mètres actuellement disponibles, de bonne fiabilité et de coût abordable pour les clubs ou les particuliers assidus. Ce type de test constitue une occasion rêvée pour réaliser un électrocardiogramme d'effort qui, sans être une panacée, reste l'un des examens les plus fiables pour donner un feu vert à l'entraînement non entaché d'arrière-pensée.

1.1.3.2. LES MÉTHODES DIRECTES DE DÉTERMINATION DE VO_2 max.

Ces méthodes reposent sur la mesure effective de la différence de quantité d'oxygène entre l'air inspiré et expiré par le sujet. Elles mesurent donc effectivement ce que le sujet à retenu au niveau pulmonaire donc *a priori,* a consommé au niveau musculaire. En pratique, il est nécessaire de mesurer d'une part par un pneumotachographe les volumes d'air mobilisés, d'autre part par des analyseurs de gaz, les concentrations en oxygène et en gaz carbonique. L'équation de base principale est :

VO_2	=	V_E	(FI O_2	–	FE O_2)
consommation d'oxygène		ventilation par minute	fraction inspiratoire en oxygène		fraction expiratoire en oxygène

La mesure simultanée du gaz carbonique est indispensable pour la détermination de la VO_2 elle-même. Elle apporte aussi d'autres renseignements notamment pour la détermination du seuil ventilatoire et du quotient respiratoire. Les pneumotachographes et les analyseurs doivent être très performants. Tous les matériels proposés sur le marché ne possèdent pas une fiabilité suffisante lorsque la ventilation dépasse 200 litres par minute ou que la fréquence respiratoire dépassent 40 cycles par minute, ce qui est très courant chez les athlètes de haut niveau.

La qualité des appareils de haute gamme est à présent très satisfaisante, leur coût demeure toutefois très élevé. Leur utilisation ne concerne donc que les athlètes de haut niveau ou les sportifs chez qui on suspecte un problème particulier.

Lorsqu'ils sont utilisés par un opérateur expérimenté, ces appareils ont une excellente reproductibilité (+ ou − 1ml/min/kg). Des différences assez sensibles existent néanmoins à ce jour entre les différentes marques. Ces différences sont aggravées par le fait que les protocoles ne sont souvent pas les mêmes d'un laboratoire à l'autre. La durée des paliers, la progression de puissance adaptée, l'ergomètre choisi, le fait que des prélèvements soient ou ne soient pas réalisés pendant l'épreuve constituent des éléments supplémentaires à l'origine de la dispersion des valeurs qu'un même sujet peut avoir au même moment dans des laboratoires différents. Les écarts sont moins importants que ceux visibles entre les méthodes directes et les méthodes indirectes. Pour toutes ces raisons, il importe qu'un même sujet réalise de préférence ses tests de VO_2 max dans le même laboratoire avec le même matériel et le même protocole.

1.1.3.3. FRÉQUENCE DES ÉPREUVES DE VO_2 max.

La périodicité idéale des épreuves de VO_2 max est fonction du niveau du sportif, de sa discipline et de son programme annuel. La répartition qui apporte le plus de renseignements est celle qui comporte une épreuve à la reprise ou dans le mois qui suit la reprise, une deuxième épreuve à la fin de la phase de préparation générale ou, si le plan d'entraînement est continu de la reprise de la compétition, au milieu de la période d'entraînement. Une troisième épreuve peut être utilement pratiquée entre la fin des entraînements et le début des compétitions. En cas de contre-performances ou de problème particulier, il est très utile de pratiquer une nouvelle épreuve qui apportera de précieux renseignements objectifs sur l'état physiologique du sujet. Le fait de programmer trois épreuves permet un suivi physiologique de qualité. La première épreuve donne la valeur de départ qui résulte des acquis de la saison précédente affectés de façon variable par la durée et le contenu de l'intersaison. Les résultats de la deuxième épreuve permettent de quantifier les progrès réalisés donc d'évaluer le bénéfice de l'entraînement sur la base aérobie du sujet. Si l'objectif n'a pas été atteint, il est possible de modifier le plan d'entraînement du sujet, rien n'étant encore joué et tout restant possible. La troisième épreuve évalue globalement le résultat des mois d'entraînement et permet de faire un choix dans les compétitions et de définir le contenu de l'entraînement entre les compétitions jusqu'à la fin de la saison sportive. Le nombre de trois correspond par ailleurs très exactement aux textes règlementaires en vigueur concernant le suivi médical des athlètes. Ces textes n'imposent pas expressement la réalisation d'épreuves d'effort lors des visites médicales mais, tant qu'à imposer la contrainte d'un déplacement à un athlète, il est bienvenu et utilc de réaliser simultanément les examens d'aptitudes et les tests d'évaluation physiologique.

Pour les athlètes faisant régulièrement de la compétition, un seul test par an nous semble insuffisant. Cela ne permet pas une révision en temps utile de l'entraînement donc une individualisation suffisante. Tout au plus cette pratique permet-elle d'apprécier l'évaluation globale d'un groupe. Si un problème financier est à l'origine de ce choix, il est préférable d'utiliser le budget à la réalisation de trois estimations annuelles de VO_2 par méthode indirecte.

1.1.4. NOTION DE SEUIL AÉRO-ANAÉROBIE

Une VO_2 max très élevée constitue un facteur nécessaire, quoique non suffisant, pour accéder au plus haut niveau actuel de performance dans la plupart des sports. Cependant il a été remarqué depuis très longtemps qu'à égalité de VO_2 max même spécifique (c'est-à-dire rapportée au kilogramme de poids corporel) et à égalité de niveau technique et de souplesse, certains individus ont des performances meilleures que d'autres dans les disciplines à dominante endurance. Cela signifie que le pourcentage de VO_2 max qui peut être tenu diffère d'un sujet à l'autre. La notion de puissance critique ou de vitesse critique a été introduite empiriquement pour définir ce pourcentage bien avant que les scientifiques ne commencent à l'étudier. Progressivement la notion de seuil aérobie-anaérobie, ou seuil ventilatoire et, plus proche de nous, de seuil acido-basique a été introduite. L'unanimité n'est toujours pas faite sur ce sujet. La notion même de seuil est largement contestée. Au-delà des désaccords de certains spécialistes, il reste vrai sur le terrain qu'à deux ou trois pulsations cardiaques près (les pulsations servent à évaluer le niveau d'énergie) un sujet pourra soutenir un effort de vingt minutes ou de quarante minutes. Il existe donc bien un niveau de puissance individuelle, repérable et transposable d'une discipline à l'autre, grâce à la fréquence cardiaque, au-delà duquel la capacité de travail décroît très rapidement. Une définition du seuil est née de cette constatation formulée par divers auteurs, qu'il est possible de résumer de la façon suivante. Le seuil aéro-anaérobie est défini comme la plus haute puissance ou la plus haute fréquence cardiaque qu'un sujet peut soutenir ni plus ni moins que quarante minutes. Quarante minutes est une durée moyenne calculée à partir des durées avancées par les auteurs s'échelonnant entre trente et cinquante-cinq minutes. Il est aujourd'hui difficile d'expliquer rigoureusement ce chiffre de quarante. Il correspond à la fois au temps de décompensation progressive acido-basique, d'accumulation de phosphate, sans toutefois que la diminution des stocks de glycogène inhérente à la puissance choisie, ne constitue pas un facteur limitant. Le facteur de motivation et d'autres influent sur cette valeur. La fluctuation des valeurs de ce seuil est d'autant plus faible, dans une même période, que le niveau du sportif est plus élevé. Une certaine méthode d'évaluation semi-empirique, parce que non validée scientifiquement, mais que nous utilisons largement pour notre part, montre cela (VCC*).

1.1.5. CHOIX DE L'ERGOMÈTRE UTILISÉ POUR L'ÉVALUATION DES PARAMÈTRES BIOÉNERGÉTIQUES

Une des critiques les plus souvent formulée vis-à-vis des tests physiologiques d'évaluation de ces paramètres repose sur le déphasage qui existe entre la pratique sur le terrain et les ergomètres proposés. Mise à part la bicyclette ergométrique qui, à condition de pouvoir la régler de façon à reproduire fidèlement, au millimètre près la position habituelle du cycliste sur son engin, est réellement très proche de la pratique sur le terrain, les autres ergomètres sont souvent mal adaptés. Le tapis roulant qui constitue le deuxième ergomètre le plus utilisé pour les évaluations en laboratoire, ne reproduit pas le même travail biomécanique que celui de la course à pied sur terrain. En particulier, à chaque contact du pied avec la bande qui figure sur le sol, le pied est immédiatement tracté vers l'arrière sans que le griffé qui caractérise le début de chaque cycle ne soit nécessaire. D'autre part la petite phase pliométrique, c'est-à-dire la phase de rebond due à l'élasticité du quadriceps en contraction isométrique qui se produit normalement après le griffé et avant la phase isotonique de contraction est absorbée et devra être compensée par une phase propulsive plus énergétique. D'un côté le déroulement du tapis aide le coureur, d'un autre côté il l'oblige à pousser plus vite. En résumé, les diverses phases biomécaniques sont différentes. La sensation de dépaysement est totale dans les premières minutes de course. Le sujet s'adapte rapidement mais il est acquis que les groupes musculaires impliqués normalement dans la course à pied sont ici sollicités biomécaniquement de façon

---

* VCC = voir ce chapitre.

différentes. Ceci retentit sur le rendement énergétique. Il a été établi qu'à vitesse égale il fallait imposer une pente de 3 % au tapis roulant pour avoir la même consommation d'oxygène qu'à 0 % sur le terrain. De plus il est probable que les différences biomécaniques et les rendements énergétiques varient avec les pentes et les vitesses choisies. De nouveaux modèles sont en cours d'élaboration qui minimiseront ces inconvénients. Certains modèles sont déjà disponibles, mais de coût plus élevé que les tapis roulants classiques, qui restent tout à fait utilisables. Quel que soit le type d'ergomètre, il faut privilégier la fiabilité et la reproductibilité des matériels. Tant que ces deux conditions sont réunies, leur usage rend de grands services pour l'évaluation de l'athlète à condition d'utiliser toujours le même matériel, le même protocole et d'examiner principalement les variations intra-individuelles.

Les sportifs sont pour la plupart très sensibles au degré de représentabilité de l'ergomètre proposé par rapport à leur pratique et il est important d'aborder clairement ces questions avant même de pratiquer les tests. Cela est d'autant plus vrai que l'athlète est de « haut niveau » et que l'accumulation des heures d'entraînement l'aura programmé pour l'accomplissement d'un geste spécifique. A défaut, le sujet à qui on demande d'atteindre son maximum sur un ergomètre non adapté ressent une sorte de frustration. Il faut lui expliquer que la performance sur le terrain et les tests en laboratoire sont deux choses différentes dont le point commun souvent nécessaire est d'atteindre son maximum bioénergétique de façon à analyser les divers systèmes impliqués, préciser les capacités de chacun de ces systèmes et surtout mettre en évidence le ou les facteurs limitants qui diminuent l'entraînabilité et, à la fin, la performance.

1.1.6. INTERPRÉTATION ET UTILISATION DES RÉSULTATS DES TESTS BIOÉNERGÉTIQUES

L'évaluation en laboratoire est le moyen privilégié pour explorer l'athlète sur la base de la contribution de chacune de ces composantes. Cela est souvent impossible sur le terrain. Les variables mesurées doivent être pertinentes vis-à-vis du sport principal pratiqué, les tests doivent être standards et répétés selon un calendrier établi à l'avance à la lumière des connaissances scientifiques. L'interprétation doit être codifiée et standardisée. Elle doit permettre d'apporter au sportif et à son encadrement technique des informations non ambiguës sur le niveau de ce seuil et/ou sur les variations de ce seuil par rapport aux autres valeurs antérieures du sujet établies sur le même protocole.

Les critères d'interprétation de seuils dépendent de nombreux paramètres. Deux sont particulièrement importants ; l'entraînement et les objectifs fixés à l'athlète. Il existe plusieurs cas de figure que nous allons tenter de traiter.

Dans les sports d'endurance, la valeur de la puissance ou du pouls au seuil va de paire avec le niveau de ces paramètres en course, c'est-à-dire avec la vitesse critique. Puisque la performance est liée à l'aptitude du sujet à maintenir tout au long de sa course le plus haut pourcentage possible de puissance, le but de l'entraînement est logiquement d'abord de reculer le niveau de puissance maximale du sujet (amélioration de sa VO_2 max), puis, après acquisition de la première étape, de « reculer le seuil », c'est-à-dire de faire en sorte que le sujet soit capable de maintenir un pourcentage le plus élevé possible de ce maximum. Cette deuxième phase doit être menée en veillant à ne pas affecter la VO_2 max. Ceci est difficile à obtenir dans la mesure où les exercices conseillés pour reculer le seuil (entraînement fractionné) ont tendance, eux-mêmes, à créer une diminution de la VO_2 max. Pour éviter cela, il est donc nécessaire de maintenir un très important volume de travail aérobie. En pratique les exercices destinés à reculer le seuil s'ajoutent à ceux qui agissent sur la capacité aérobie. Cette période d'entraînement est donc particulièrement lourde et expose le sujet au surentraînement (VCC*). Elle ne doit concerner que des sujets ayant bien supporté la première phase de préparation. La tendance actuelle est d'intégrer progressivement et précocement dans l'entraînement les exercices en rapport avec cette deuxième phase. Cela minimise le risque d'intolérance à cette deuxième phase indispensable. Compte tenu de la corrélation étroite et linéaire qui existe entre la puissance développée (de 0 watt à 90 % de la puissance maximale aérobie) il est possible d'exprimer la valeur du seuil aéro-anaérobie, soit en puissance, soit en fréquence cardiaque. Le mode d'expression en puissance, c'est-à-dire en watt ou en km/h par exemple, est le plus rigoureux d'un point de vue bioénergétique ; cependant pour l'exécution du plan d'entraînement qui en sera déduit, le pouls est dans la plupart des cas le seul repère utilisable. Un cycliste par exemple ne fait pas son entraînement sur un ergomètre gradué en watt, mais sur la route avec une bicyclette qui ne comporte en général qu'un compteur de vitesse. Il est toujours possible au sujet de porter un cardiofréquencemètre qui permettra de respecter des fourchettes cardiaques, donc des zones de puissances. A titre d'information, il existe depuis peu des capteurs miniaturisés de puissance pour bicyclette de route qui donnent les mêmes renseignements que sur les cyclergomètres de laboratoire. Ce

* VCC = voir ce chapitre.

matériel relativement onéreux est réservé actuellement à des études spécifiques concernant des cyclistes de haut niveau.

L'établissement de la relation pouls/puissance en laboratoire sert donc d'étalonnage du sujet. La transposition sur le terrain étant réalisable par la seule utilisation du pouls. Il faut néanmoins faire remarquer que la fidélité de la transposition n'est pas totale. Si le sujet est émotif où s'il est peu habitué aux tests en laboratoire, il existera vraisemblablement un excès de fréquence cardiaque par rapport à la puissance, au moins jusqu'à 50 % de la puissance maximale du sujet. Pour s'en convaincre, il suffit de comparer la fréquence cardiaque de repos du sujet équipé prêt à débuter son exercice avec la fréquence de repos habituelle du sujet. Ce phénomène s'estompe après quelques tests lorsque le stress du sujet lié à sa présence au laboratoire disparaît. Une autre cause d'erreur de transposition au terrain, qui est plus difficile à gérer, vient de la différence qui existe dans certains sports entre l'ergomètre utilisé et les exercices pratiqués sur le terrain dans le cadre de l'entraînement. Un skieur de fond par exemple réalise habituellement ses épreuves en laboratoire sous la forme de course à pied sur tapis roulant (les tapis roulants adaptés au ski à roulette existent mais sont très onéreux). Sur le terrain la correspondance en fréquence cardiaque sera bonne pour les séances de course à pied que les skieurs de fond pratiquent en grande quantité dans leur entraînement. Par contre, elle sera moins bonne pour les entraînements en ski à roulettes qui diffèrent biomécaniquement de la course à pied. Les mouvements des membres inférieurs sont différents si, surtout la participation pour un pourcentage élevé (30 à 50 % environ) des membres supérieurs et de toute la moitié supérieure du corps à la fourniture énergétique entraîne, d'une part un surcroît de pouls (il est établi qu'à puissance égale comparée aux membres inférieurs, les exercices même à puissance relative moyenne entraînent un surcroît de fréquence cardiaque de 10 à 20 pulsations/minute) et d'autre part une diminution relative du travail des membres inférieurs donc une diminution de l'activation cardiaque. La fréquence est alors la résultante de ces deux phénomènes dont l'importance varie avec le degré d'entraînement, la longueur des bâtons utilisés et une foule d'autres paramètres. D'autres différences seront observées si on passe au ski de fond sur neige.

Ces différences facilement explicables servent souvent de prétextes pour critiquer globalement l'intérêt de ces tests de la part de ceux qui ne veulent ou ne peuvent se donner les moyens de déterminer individuellement les différences évoquées. Dans la très grande majorité des cas, ces différences n'excèdent pas pour un même individu 3 à 5 pulsations d'une activité à l'autre, pour autant que ces activités rentrent dans la pratique habituelle du sujet. Il existe donc peu de risques d'erreur grossière même si la transposition est faite sans précautions. Le sujet lui-même ressentira ces différences et s'adaptera spontanément d'autant mieux qu'on lui aura expliqué et qu'il aura compris le but de la séance.

1.1.7. EFFET DE L'ENTRAÎNEMENT SUR LE SEUIL AÉRO-ANAÉROBIE

Dans tous les sports où la performance est liée à la capacité du sujet à soutenir le plus haut niveau de puissance, le plan d'entraînement doit prévoir, après acquisition et/ou développement de la capacité aérobie (augmentation de la VO_2 max), de reculer le seuil. Ceci est généralement obtenu par l'introduction progressive de séances d'« interval training » ou de « fractionné » dont l'intensité, la durée, la répétition sont fonction de la tolérance même du sujet. Le meilleur plan est celui qui permettra un recul du seuil exprimé en puissance. Le fait de se fier aux seules valeurs de pouls constituerait un risque d'erreur important. En effet, s'il est vrai que la corrélation entre le pouls et la puissance est globalement linéaire jusqu'au niveau des puissances submaximales, l'équation de cette droite est l'objet d'une modification spontanée avec l'âge et surtout d'une modification induite par la pratique sportive régulière qui tend à faire baisser la valeur du pouls à puissance égale. En pratique on observe logiquement, suite à un entraînement à prédominance endurance, la transformation de la droite 1 en droite 2 par exemple :

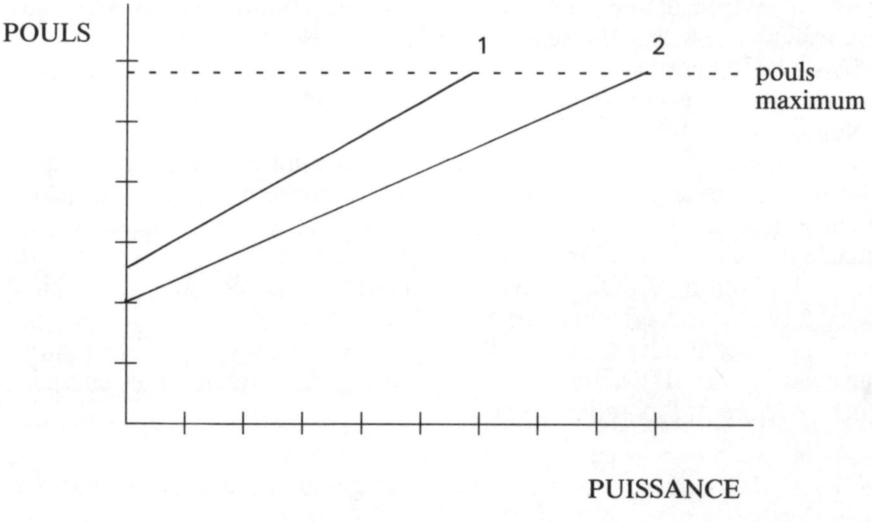

L'entraînement induit une baisse de fréquence cardiaque de repos et une baisse de la fréquence pour une même puissance absolue. La puissance maximale est ellc-même, en général, améliorée. Il est souhaitable que le pouls maximal soit maintenu.

Chez certains sujets, cette modification peut être rapide surtout dans les premiers mois ou les premières années de pratique.

Pour éviter des erreurs d'interprétation, il est préférable d'utiliser les courbes figurant en abscisse les puissances et en ordonnée le ou les paramètres choisis pour apprécier les seuils (ventilation, rejet de gaz carbonique, lactates ou pH) en utilisant la même échelle. L'évaluation visuelle sera alors non trompeuse. Dans un deuxième temps, le pouls au seuil sera lu sur la courbe puissance déterminée au cours de l'épreuve.

Dans le cas où la méthode simple de détermination du seuil aéro-anaérobie décrite plus loin (repérage de la fréquence cardiaque la plus fréquemment utilisée au cours d'une épreuve de compétition continue ne comportant pas de phase de récupération ou méthode par tâtonnement) est utilisée, le même raisonnement est applicable. Il convient donc de procéder, lors de ce type d'épreuve, à la détermination de la vitesse moyenne facile à calculer à partir de la distance parcourue et du chronométrage. Idéalement pour améliorer la fiabilité et la reproductibilité du test, il convient d'utiliser toujours le même parcours balisé. La plupart des sportifs ont un « parcours test » sur lequel ils se chronomètrent ou sur lequel ils évaluent leurs sensations. Il suffit d'y rajouter la mesure des fréquences selon les petits protocoles décrits. La réduction progressive au fil des années de la durée de l'intersaison conduit à une diminution des fluctuations des seuils. De plus en plus, on assiste à une augmentation presque continue de la VO_2 max des athlètes et à des fluctuations faibles, de l'ordre de plus ou moins 5 % de puissance relative à leur seuil. Il n'est pas possible de se prononcer sur un éventuel effet bénéfique de cette pratique vis-à-vis du potentiel de l'individu. Il semble néanmoins acquis que cette continuité, surtout si elle est obtenue par la pratique d'activités physiques alternatives et complémentaires, conduit à une économie des heures d'entraînement. En effet les coupures franches à l'intersaison, si elles excèdent trois à quatre semaines induisent une baisse des capacités du sujet. Le retour à l'état antérieur prendra chez certains sujets un à deux mois ce qui est cher payé. Pendant ce temps ceux qui ont opté pour un simple allègement de l'entraînement ou qui ont opté temporairement pour des activités divertissantes, mais néanmoins énergétiques, prennent l'avantage.

1.1.8. ASPECT MÉTABOLIQUE : SYNCHRONISATION DE L'UTILISATION DES SUBSTRATS EN FONCTION DU NIVEAU DE PUISSANCE ET DE LA DURÉE DE L'EXERCICE

1.1.8.1. INTRODUCTION

Le système contractile musculaire ne connaît qu'un substrat énergétique : l'adénosine triphosphate ou ATP. L'ATP utilisé pour le muscle provient soit des réserves locales de phosphagènes (ATP et créatine phosphate) soit de voies indirectes appartenant au métabolisme intermédiaire aérobie ou anaérobie dont le détail figure dans tous les ouvrages concernant la physiologie ou la biologie du sport. Notre objectif ici est d'évoquer les substrats énergétiques utilisés en fonction du type d'activité pour dégager le rôle respectif des glucides, des lipides et des protéines de façon à justifier les apports recommandés évoqués plus loin.

1.1.8.2. CHRONOLOGIE ET PROPORTION DES SUBSTRATS UTILISÉS SELON LE TYPE D'EXERCICE.

1.1.8.2.1. Exercices à puissance maximale durant quelques secondes (haltérophilie, lancers, sauts...)

C'est la situation la plus simple. Elle implique majoritairement l'utilisation des phosphagènes, c'est-à-dire d'abord l'ATP localement présent dans le muscle à une concentration moyenne de quatre micromoles par gramme de muscle ce qui correspond à une capacité de travail maximal exprimée en durée de une seconde environ. Quant à la créatine phosphate, elle est pratiquement simultanément utilisée pour régénérer l'ATP. Le stock local moyen de 24 à 27 micromoles par gramme de muscle correspond à un complément de durée à 10 à 12 secondes. L'athlète de haut niveau possède des stocks légèrement plus importants que le sédentaire, mais la proportion est très loin de celle qui concerne la différence des performances entre deux catégories. Pour ce type d'exercice, la glycolyse anaérobie, qui par définition, délivre de l'ATP par phosphorylation de substrat en l'absence d'oxygène, n'est pas ou peu impliquée au moment de l'exercice. Elle le sera immédiatement après l'arrêt pour regénérer les stocks de phosphagènes comme les autres voies métaboliques.

1.1.8.2.2. Exercices à puissance maximale relative d'une durée inférieure à trois minutes

Ce type d'activité implique la participation des phosphagènes selon le même schéma que pour la situation précédente décrite. Dès les premières secondes de l'exercice, la glycolyse anaérobie sera opérationnelle, en particulier grâce au couplage qui existe, par le calcium libre, entre le phénomène de couplage excitation-contraction et le glycogénolyse déclenchée par le passage de la calmoduline de sa forme simple à sa forme calcique. Le glucose est donc le substrat le plus utilisé. La lipolyse, qui assure en condition basale environ les 2/3 de nos besoins énergétiques, est momentanément étouffée par la glycolyse. Les produits de dégradation de la glycolyse anaérobie (lactate, pyruvate) sont intégrés dans le cycle de Krebs après transformation en acétyl coenzyme A ou servent de substrats à la néoglucogénèse (cycle de Cori et cycle Alanine — glucose). Ceci est favorable au niveau du rendement métabolique. En effet la VO_2 max du sujet, c'est-à-dire sa capacité aérobie est déjà un facteur limitant de la performance pour ce type d'exercice (voir la classique courbe de Howald donnant le pourcentage de participation de diverses filières énergétiques en fonction de la durée de l'exercice à puissance maximale relative). Or le rendement énergétique oxydatif du glucose est de 10 % plus élevé que celui des lipides (5,05 Cal par litre d'oxygène pour le glucose contre 4,69 Cal pour les lipides). Dans ce type d'épreuve, l'acidose constitue le principal facteur limitant. Elle apparaîtra d'autant plus tôt que le pourcentage d'énergie provenant des métabolismes oxydatifs est faible (puisque l'essentiel de l'énergie ne peut venir que de la capacité de travail aérobie ou anaérobie) et que le métabolisme glycolytique anaérobie se mettra en œuvre de façon précoce et intense. Ceci justifie d'une part de développer au maximum la capacité aérobie du sujet. Cette énergie est en effet propre, et sur cette durée, ne peut pas être à l'origine de l'apparition de facteur limitant. D'autre part ceci justifie, s'il en est besoin, le rôle majeur d'un échauffement prolongé orienté vers la mise en œuvre du métabolisme oxydatif glucidique à un haut niveau de production énergétique. Cette vitesse de rotation optimale du cycle de Krebs au moment du départ est requise et souhaitable pour que dès le départ de la course, sans perdre de temps nécessaire à la mise en œuvre active du cycle de Krebs (pendant ce temps l'énergie pro-

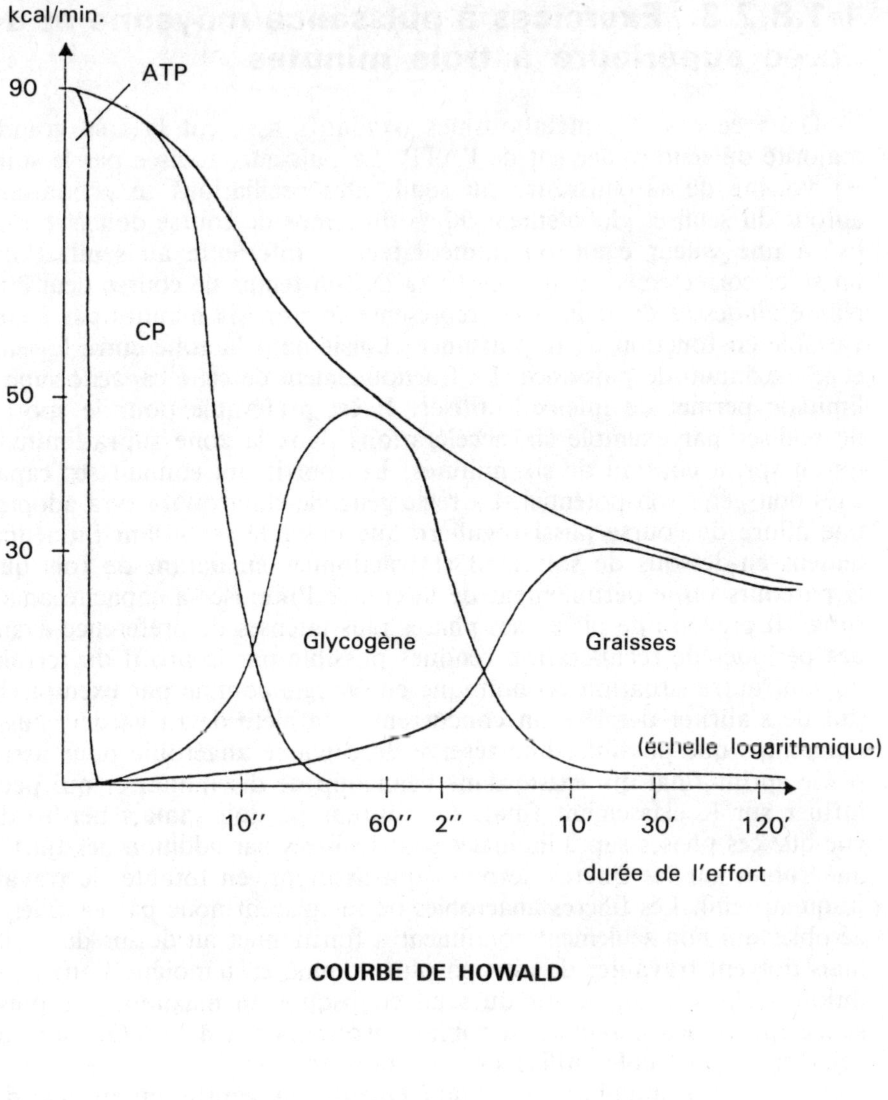

COURBE DE HOWALD

viendrait de phosphagènes ou de la glycolyse anaérobie qui induirait l'apparition prématurée d'une acidose limitant la performance), la part énergétique la plus haute possible provienne des phosphorylations oxydatives.

Le glucose et les phosphagènes constituent donc les substrats énergétiques majoritairement utilisés pour ce type d'exercice.

1.1.8.2.3. Exercices à puissance moyenne et de durée supérieure à trois minutes

Dans ce cas, les métabolismes oxydatifs assurent la très grande majorité du renouvellement de l'ATP. La puissance utilisée par le sujet est voisine de sa puissance au seuil. Des oscillations se produisent autour du seuil et globalement 90 % du temps de course doit être réalisé à une valeur égale ou immédiatement inférieure au seuil. Pour un sujet correctement entraîné, 10 % de son temps de course peut être réalisé au-dessus du seuil. Ceci représente environ six minutes par heure variable en fonction de la puissance choisie dans la zone entre le seuil et le maximum de puissance. Le fractionnement de cette capacité supraliminale permet de mieux l'utiliser. Il est préférable pour le sportif de réaliser par exemple six accélérations dans la zone supra-liminale qu'un sprint continu de six minutes. Le sportif qui connaît ses capacités doit gérer son potentiel. La règle générale étant qu'il devra adopter une allure de course aussi régulière que possible se situant immédiatement en-dessous de son seuil et fractionner en autant de fois que le parcours ou le déroulement de la course l'impose sa capacité anaérobie. Il prévoira de placer ses phases plus intenses de préférence avant des périodes de récupération rendues possible par le profil du terrain ou tout autre situation économique en énergie comme par exemple le fait de s'abriter derrière un concurrent. L'athlète devra garder, aussi longtemps que possible, une réserve de capacité anaérobie pour assurer le sprint final qui existe dans beaucoup de disciplines et qui peut influer sur le classement final. Le coureur ne doit jamais perdre de vue que ces phases supra-liminales sont réalisées par addition des filières anaérobies sur les filières aérobies qui assurent, en totalité, le travail jusqu'au seuil. Les filières anaérobies ne remplacent donc pas les filières aérobies qui non seulement continuent à fonctionner au dessus du seuil, mais doivent travailler de plus en plus comme en témoigne l'augmentation de la VO_2 au dessus du seuil et jusqu'à un maximum de puissance (puissance maximale aérobie) correspondant à la VO_2 max du sujet si le protocole utilisé est « à puissance croissante » ou « par palier » ou « triangulaire ». Concrètement cela signifie qu'au delà du seuil le sujet doit continuer à ventiler correctement, c'est-à-dire en augmentant son volume courant et en respectant des fréquences respiratoires inférieures à quarante cycles par minute. Au niveau musculaire, il doit prendre soin de ne pas shunter les phases de relâchement après chaque contraction. En effet, l'augmentation de la cadence gestuelle ou l'augmentation de la durée des phases de contraction qui intervient de plus en plus au-dessus du seuil, tend à diminuer ou à abolir totalement les phases de relâchement musculaire. Ceci est très préjudiciable à l'oxygénation du muscle qui se fait de façon presque exclusive dans ces phases de relâchement. Pendant les phases de contraction, surtout si elle est maximale, se produit une ischémie pratiquement totale qui va très rapidement créer une acidose locale majeure bloquant la contraction. Les phases de relâchement sont difficiles à maintenir et sont pourtant obligatoires. Cela doit être travaillé à l'entraînement. Si le sujet devient un vaste bloc de muscles en contraction, cela crée en quelques secondes une énorme diminution de sa puissance aérobie donc une diminution secondaire rapide de sa capacité totale de travail avec en prime une acidose qu'il devra compenser avant d'être capable de revenir à une puissance de travail au seuil.

Pour des puissances égales ou inférieures au seuil, la nature des substrats énergétiques dépend du déroulement chronologique de la séance ou de l'épreuve et des années d'entraînement cumulées par le sportif. Au début de l'exercice, qui commence habituellement par un échauffement, le sportif utilise essentiellement des glucides. Cela dure quelques minutes et correspond à une sorte d'accrochage métabolique. Les voies glycolytiques sont les seules à posséder un délai de mise en œuvre suffisamment court pour répondre à l'augmentation brutale de demande d'énergie qui caractérise le passage du repos à l'exercice. Après un délai de quelques minutes, d'autant plus court que le sujet a derrière lui de nombreuses années d'entraînement, la lipolyse, dont la participation énergétique avait été très minimisée du fait de la brutale augmentation des voies glycolytiques, augmente progressivement jusqu'à couvrir les deux tiers des besoins énergétiques chez les sujets peu entraînés, jusqu'à neuf dixième des besoins chez les sujets très entraînés en endurance (voir schéma p. 36).

Au niveau du seuil et surtout au delà, la participation supplémentaire et intensive de la glycolyse anaérobie tend à renverser cette proportion. La rapidité avec laquelle la participation des glucides évolue dans cette situation vient du faible rendement énergétique de cette voie. Seulement deux ATP sont régénérés par molécule de glucose consommé alors que le rendement est de trente-six si le glucose suit la totalité de la glycolyse (anaérobie puis aérobie). Le muscle deviendra, dans cette situation, un très gros consommateur de glucose, dont il tirera peu d'énergie par molécule, mais qui, grâce à la quantité, y trouvera le surcroît d'ATP que les chaînes respiratoires ne peuvent fournir du fait de la lenteur relative de leur fonctionnement. Au dessus du seuil, les stocks de glycogène musculaire vont diminuer très rapidement. La panne locale de glycogène rend rapidement le muscle incapable d'assurer le travail demandé. Le glycogène présent dans les autres compartiments (autres muscles, foie) n'est pas immédiatement utilisable. L'hypoglycémie apparaît alors avec les conséquences très négatives que l'on connaît sur le fonctionnement musculaire. La performance du coureur passe donc par la gestion de ce stock. L'entraînement et un certain type d'alimentation (régime dissocié par exemple) (VCC) peut aug-

UTILISATION DES MÉTABOLITES EN FONCTION DE L'INTENSITÉ DE L'EFFORT

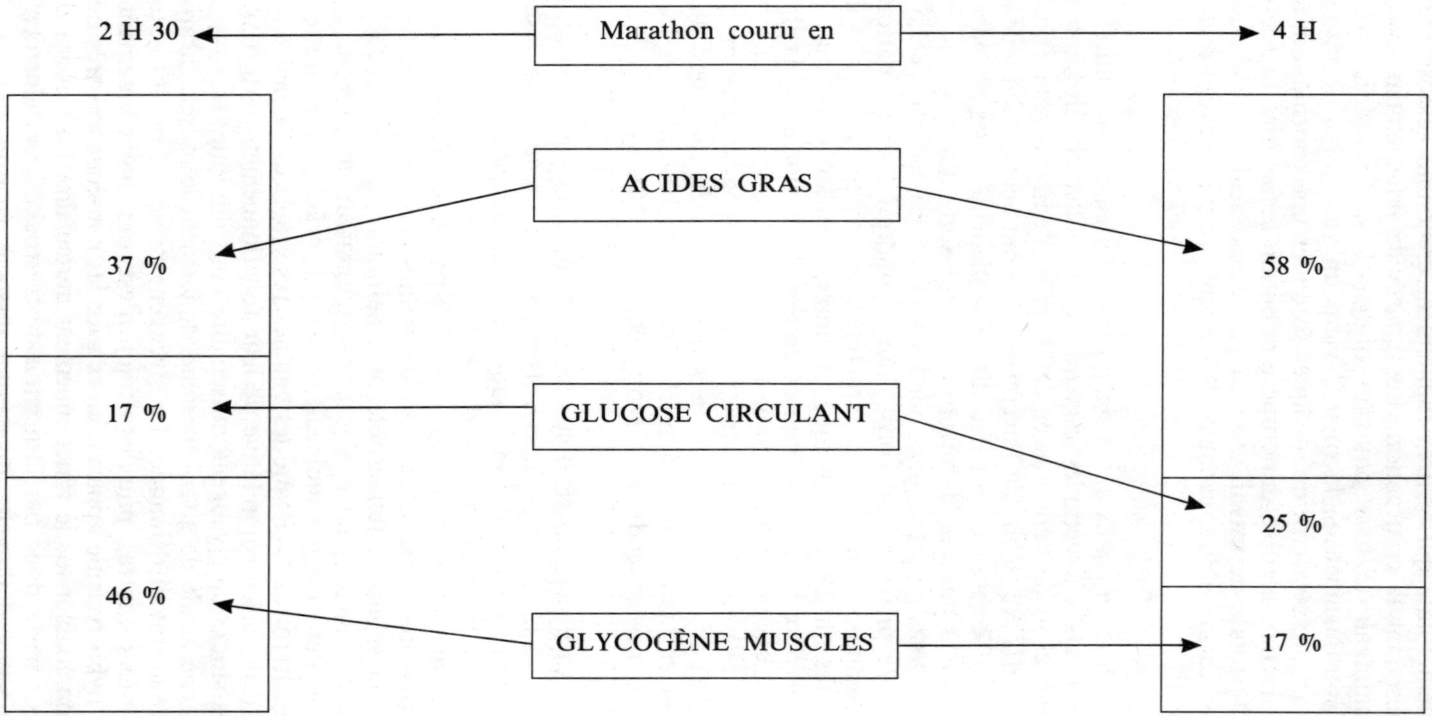

menter ces stocks. Le ravitaillement pendant les courses permet de faire des économies de glycogène. La réunion de ces trois éléments diminue la probabilité de panne de glycogène donc élimine ce facteur limitant. Des études ont montré que le risque de panne était effectif pour des sujets peu entraînés après vingt minutes seulement d'effort soutenu. La restauration des stocks de glycogène n'étant totale chez tous les sujets après entraînement ou exercice épuisant qu'après quarante-huit heures, personne n'est à l'abri de ce type de problème si les compétitions sont répétées à un rythme supérieur à une compétition tous les deux jours.

Le nombre des changements de rythme a également une influence. D'un point de vue énergétique, ces changements créent une diminution sensible du rendement. Qualitativement, ils entraînent une surconsommation de glucose qui peut entraîner des pannes inattendues. Au-delà de la valeur absolue de la glycémie, il faut considérer que ces oscillations autour du seuil sollicitent de façon inhabituelle la régulation glycémique. Des variations brutales inhabituelles de la glycémie peuvent intervenir qui, lorsqu'elles se produisent à la baisse, même sans descendre au-dessous des valeurs normales, créent au niveau du système nerveux central, donc au niveau moteur, les mêmes désagrements qu'une réelle hypoglycémie. Elles seront plus brèves, mais retentiront néanmoins défavorablement sur la performance. En ce qui concerne les épreuves de longues distances durant plusieurs heures, elles ne peuvent être réalisées que par des sujets entraînés, c'est-à-dire dont le substrat énergétique majeur est représenté par les lipides (jusqu'à 90 %). L'économie de glycogène ainsi réalisée permettra au sujet d'assurer pendant plusieurs heures les 10 % incompressibles d'énergie provenant des glucides (les lipides brûlent au feu des glucides) et de disposer d'une petite réserve pour les rares moments de travail au-dessus de seuil, par exemple pour le sprint final.

Les lipides ne constituent jamais un facteur limitant quantitatif énergétique pour la performance. Toutefois certaines étudent tendent à montrer que tous les lipides de l'organisme ne se valent pas. La nature de l'alimentation et l'entraînement du sportif influent sur la qualité des triglycérides stockés sur place dans le muscle ou dans le tissu adipeux. La vitesse de mobilisation de ces lipides, leur rendement énergétique, leur produit de dégradation dépendent de la nature des acides gras qui les composent. Il y aurait de bonnes et des mauvaises graisses.

Outre le fait que la panne de glycogène musculaire oblige le sujet à réduire sa puissance, l'oxydation des graisses au-delà de la proportion habituelle du sujet, conduit à des métabolites intermédiaires, dont les corps cétoniques, qui nuisent au métabolisme général de l'individu et aggravent l'effet délétère inhérent à ce type d'activité.

1.2. Les paramètres individuels staturo-pondéraux

Bien que certains auteurs aient récemment démontré qu'une surcharge pondérale, n'excédant pas trois kilos par rapport au poids « idéal », n'entraînait pas de modification significative de la performance, il reste tout à fait légitime de penser que tout surpoids nuit à l'entraînabilité du sujet et à la vitesse du geste en général, donc à la performance, ce fait étant majoré dans les sports où il existe un déplacement du sujet.

L'ambiguité apparente de ce constat provient certainement du fait que le poids pris en tant que seul paramètre d'évaluation corporelle est un très mauvais indicateur. En matière de physiologie du sport ce n'est, en effet, pas la valeur absolue de la masse corporelle qui est intéressante, mais bien les valeurs relatives qui composent celle-ci, soient la masse maigre et la masse adipeuse.

La mesure du poids, si elle est insuffisante, reste cependant un bon moyen de suivi chez un individu donné, la prise de poids se faisant la plupart du temps au profit de la masse grasse, sauf en période de croissance ou de musculation. C'est, par contre, un peu plus délicat en période de perte pondérale et l'évaluation de la masse grasse s'avère alors tout à fait indispensable. Les méthodes nombreuses ne prenant en compte que la pesée pour évaluer un sujet du point de vue de son adiposité, apparaissent donc pour le moins imprécises ; les plus satisfaisantes sont celles qui rapportent au moins la masse corporelle à la surface corporelle, comme celle de Quetelet par exemple.

L'estimation de la masse grasse d'un sujet est une chose en théorie compliquée, mais nous allons voir comment y remédier en pratique. Les méthodes dites de référence sont en effet lourdes et difficiles à réaliser en routine, que ce soit la méthode densitométrique par pesée hydrostatique ou la méthode radio-isotopique par l'eau marquée. En pratique une méthode simple peut renseigner de façon très satisfaisante : il s'agit de l'estimation de masse grasse par la mesure des plis cutanés.

Cette méthode est basée sur un fait anatomique, la constance de l'épaisseur du tissu cutané chez tous les individus : à partir de ce constat les modifications d'épaisseur d'un pli ne pourront donc être dues qu'à une variation du tissu sous-cutané, localisation élective de la

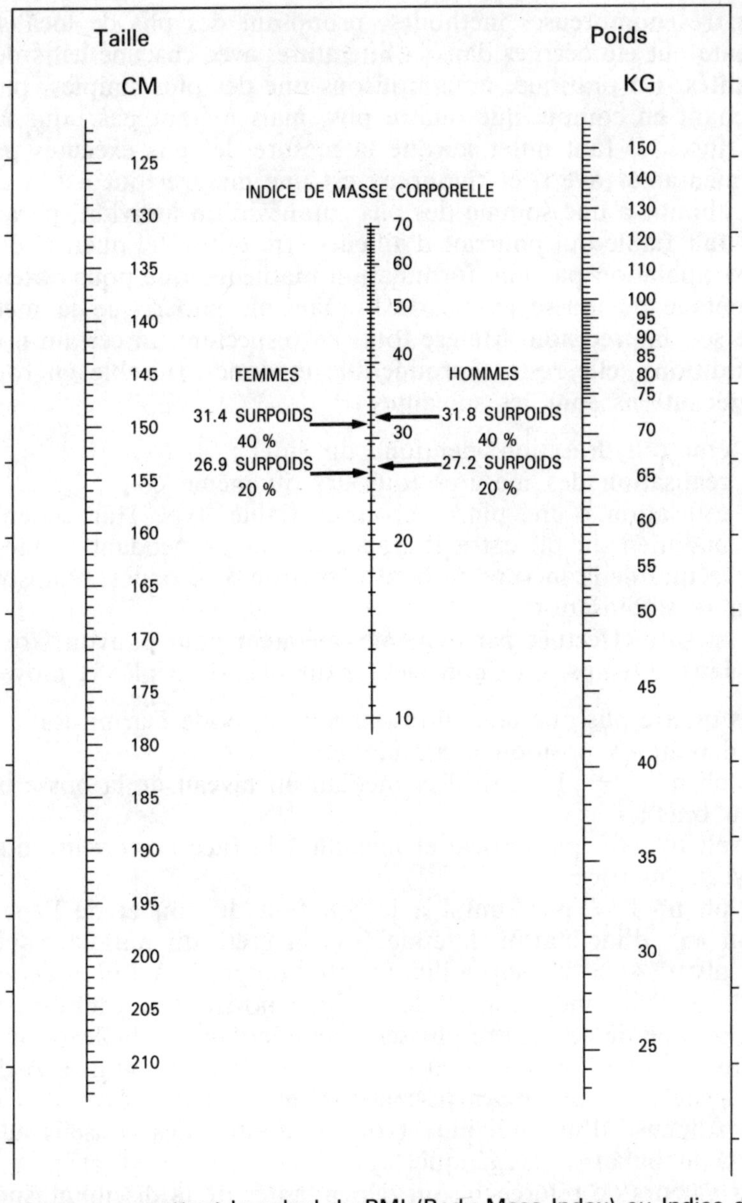

Normogramme permettant le calcul du BMI (Body Mass Index) ou Indice de Quetelet à partir de la taille et du poids (d'après Basdevant, Le Barzic, Guy-Grand)

graisse. La mesure d'un certain nombre de plis cutanés permet ainsi d'estimer et non pas de mesurer de façon absolue, la masse grasse d'un individu donné à un instant donné. C'est surtout cette variation ou stabilité dans le temps qui sera intéressante à analyser pour le clinicien ou l'entraîneur. En effet, comme toujours en biologie, la meilleure référence de l'individu devra être lui-même.

De très nombreuses méthodes, proposant des plis de localisation différente ont été décrites dans la littérature, avec chacune leurs défauts et qualités. En pratiquc, nous utilisons une des plus simples, puisque ne prenant en compte que quatre plis, mais n'étant pas pour autant moins juste. Il faut noter ici que la mesure des plis exécutés par un expérimentateur averti et rigoureux est une mesure tout à fait exacte et qui aboutit à une somme des plis cutanés d'un individu, paramètre tout à fait fiable qui pourrait d'ailleurs être utilisé tel quel. C'est lors de l'extrapolation par une formulation mathématique pour obtenir un pourcentage de masse grasse de l'organisme entier que la méthode trouve son imprécision. Malgré tout, en respectant un certain nombre de conditions, elle reste reproductible et donc utilisable en routine. Ces précautions sont les suivantes :

— état d'hydratation identique du sujet ;
— réalisation des mesures toujours du même côté ;
— utilisation d'une pince reconnue fiable, type Harpenden ;
— maintien du pli entre le pouce et l'index pendant la mesure ;
— lecture de la mesure au bout d'environ 5 secondes, temps nécessaire à la stabilisation ;
— mesure effectuée par le même opérateur pour pouvoir être comparée dans le temps, ou sinon mesure doublée ou triplée et moyennée.

Les quatre plis que nous utilisons sont ceux de Durnin-Rahaman : Sujet debout en position anatomique :
— pli n° 1 = pli vertical et médian au niveau de la bosse bicipitale du bras ;
— pli n° 2 = pli vertical et médian à la face postérieure du bras au niveau du triceps ;
— pli n° 3 = pli frontal à la jonction du cou et de l'épaule à environ 45° d'inclinaison latérale (sur la crête du muscle trapèze) ;
— pli n° 4 = pli supra-iliaque physiologique à l'intersection de la ligne axillaire moyenne et de la ligne horizontale ombilicale.

La somme de ces quatre plis sert d'entrée dans un tableau qui nous donnera une correspondance en pourcentage de masse grasse. A défaut d'être justes, ces méthodes permettent un suivi de l'évolution de la masse adipeuse d'un individu et de lui donner des conseils adaptés quant à la balance énergétique.

Les valeurs de référence sont dépendantes de la discipline sportive envisagée, mais doivent également être individualisées.

Ce sont les sports d'endurance avec déplacement de la masse corporelle par le sujet, qui nécessitent les masses grasses idéales les plus basses ; pour ces disciplines les valeurs optimales sont comprises entre 8 et 10 % chez l'homme et 18 à 20 % chez la femme. Ces chiffres peuvent varier en fonction de la formule retenue pour évaluer la masse grasse et également en fonction des individus. Il nous semble en effet très important de tenir compte de l'état initial « spontané » du sujet pour lui proposer un objectif pondéral. Les athlètes connaissent la plupart du temps très bien leur poids de forme, c'est-à-dire le poids pour lequel leur performance est optimale, et l'évaluation de leur pourcentage de graisse à ce poids précis sera déterminante. Un individu présentant, dans ces conditions, un pourcentage de 13 % par exemple aura peu de chances d'arriver à 7 % ou en tout cas d'en tirer un bénéfice car la perte sera trop élevée, et l'objectif raisonnable sera certainement situé à mi-chemin. Inversement un sujet habituellement à 9 % pourra certainement atteindre 6 %.

On constate, une fois de plus, l'importance de la valeur relative en biologie et de l'interprétation des données par rapport au sujet lui-même. Une fois l'objectif pondéral atteint, il est très important de convaincre le sportif de la nécessité de maintenir ce poids stable à l'année. En effet rien n'est plus mauvais pour la masse maigre que des fluctuations pondérales répétées qui aboutissent toujours à un enrichissement de la masse grasse relative pour un même poids. Dans l'idéal, la variation pondérale annuelle ne devrait pas dépasser plus ou moins 1 kilogramme.

Des valeurs de masse grasse trop faibles ne sont pas non plus souhaitables et amènent un état de méforme avec baisse des performances. Ce n'est pas l'importance des réserves énergétiques qui est en cause car celles-ci restent largement suffisantes pour des valeurs très basses : un individu de 70 kg avec 5 % de graisse conserve un potentiel énergétique de plus de 31 000 Kcal, soit de quoi effectuer une vingtaine de marathons ! La diminution de l'aptitude du sujet ne reposerait donc pas sur l'insuffisance des stocks énergétiques, mais sur l'incapacité de l'organisme à les mobiliser comme si en-dessous d'un certain niveau, celui-ci refusait de consommer ses stocks. L'apparition de perturbations des régulations hormonales a été évoquée par certains auteurs, explorable par la diminution de l'effet tampon ou de l'effet amortissant ou de stockage momentané que le tissu adipeux exerce sur les hormones sécrétées et, au-delà, sur la régulation des axes endocriniens. On constate ainsi fréquemment chez la femme une disparition des menstruations en-dessous d'un certain niveau de tissu adipeux (le plus souvent en-dessous de 18 %).

Il semble aussi que ces déficits en masse grasse puissent retentir sur la thermorégulation des sujets et les rendent plus fragiles vis-à-vis des infections intercurrentes. A l'inverse une augmentation de la masse grasse, au-dessus des valeurs souhaitables, aboutit rapidement à une baisse de rendement, notamment dans les déplacements verticaux, par modification du rapport puissance/poids ou masse musculaire/masse grasse. Ainsi c'est surtout dans les étapes de montagne avec des cols qu'un cycliste ressentira un éventuel excédent de masse grasse, alors qu'en plaine il pouvait relativement s'en accommoder.

Un autre avantage de la mesure de la masse grasse est la possibilité d'en déduire par une simple formule mathématique, la masse maigre du sujet, à laquelle il peut être intéressant de rapporter la consommation d'oxygène spécifique de celui-ci.

En fonction de l'objectif à atteindre en masse grasse, la perte de poids à envisager sera ainsi déterminée de façon plus précise. Souvent la perte de quelques kilos superflus amène une amélioration spectaculaire des performances, mais il faut rester raisonnable et cela ne doit pas conduire à des comportements alimentaires erronés. En effet, seul le poids de forme déterminé rigoureusement garantit une aptitude optimale. Tout excès, dans un sens ou dans l'autre, ne peut qu'être néfaste sur l'entraînement et la santé.

D'autre part, au cours de la croissance et plus tard du vieillissement, la composition corporelle se modifie. Des ouvrages spécialisés d'anthropométrie, de kinanthropométrie ou d'auxologie traitent spécifiquement de ces aspects, et il serait tout à fait judicieux de les consulter avant de prendre une décision relative au poids d'un enfant par exemple.

Des auteurs comme Drinkwater et Ross en 1980 ont proposé un fractionnement anthropométrique de la masse corporelle à quatre volets pour le suivi de certaines catégories d'athlètes de haut niveau. Ceci s'avère inapplicable en pratique quotidienne.

1.3. Renouvellement du tissu musculaire et des protéines non contractiles par la pratique sportive

1.3.1. ASPECT GÉNÉRAL

Bien que le métabolisme des protéines au cours de l'exercice soit étudié depuis plus de cent ans, les connaissances dans ce domaine, compte tenu de sa complexité, sont moins avancées que dans d'autres tels que les glucides et les lipides. Les méthodes aussi sophistiquées et performantes que celles utilisant les traceurs isotopiques se sont montrées insuffisamment performantes pour approcher ces problèmes.

Néanmoins tous les auteurs s'accordent pour attribuer un rôle très important aux protéines tant au niveau structural et plastique qu'au niveau énergétique. La détermination des besoins quotidiens en protéines souffre de la même difficulté d'appréciation. La détermination de la balance ou équilibre azoté est indispensable pour répondre à cette question, mais s'avère difficile compte tenu que les protéines, à la différence des autres composés biologiques, ont à la fois un rôle structural et un rôle métabolique.

1.3.2. LE CYCLE DES PROTÉINES ET LEUR RENOUVELLEMENT

Une même molécule de départ grâce à des remaniements biochimiques complexes suit généralement un circuit en boucle dont le canal principal chronologique peut être résumé de la façon suivante (voir schéma p. 44) : les aliments de type protéique (viande, poisson, laitage, protéines des céréales...) sont transformés en nutriments protéiques par les enzymes digestives. Ces nutriments rejoignent le stock général des protéines de notre organisme et leurs éléments constitu-

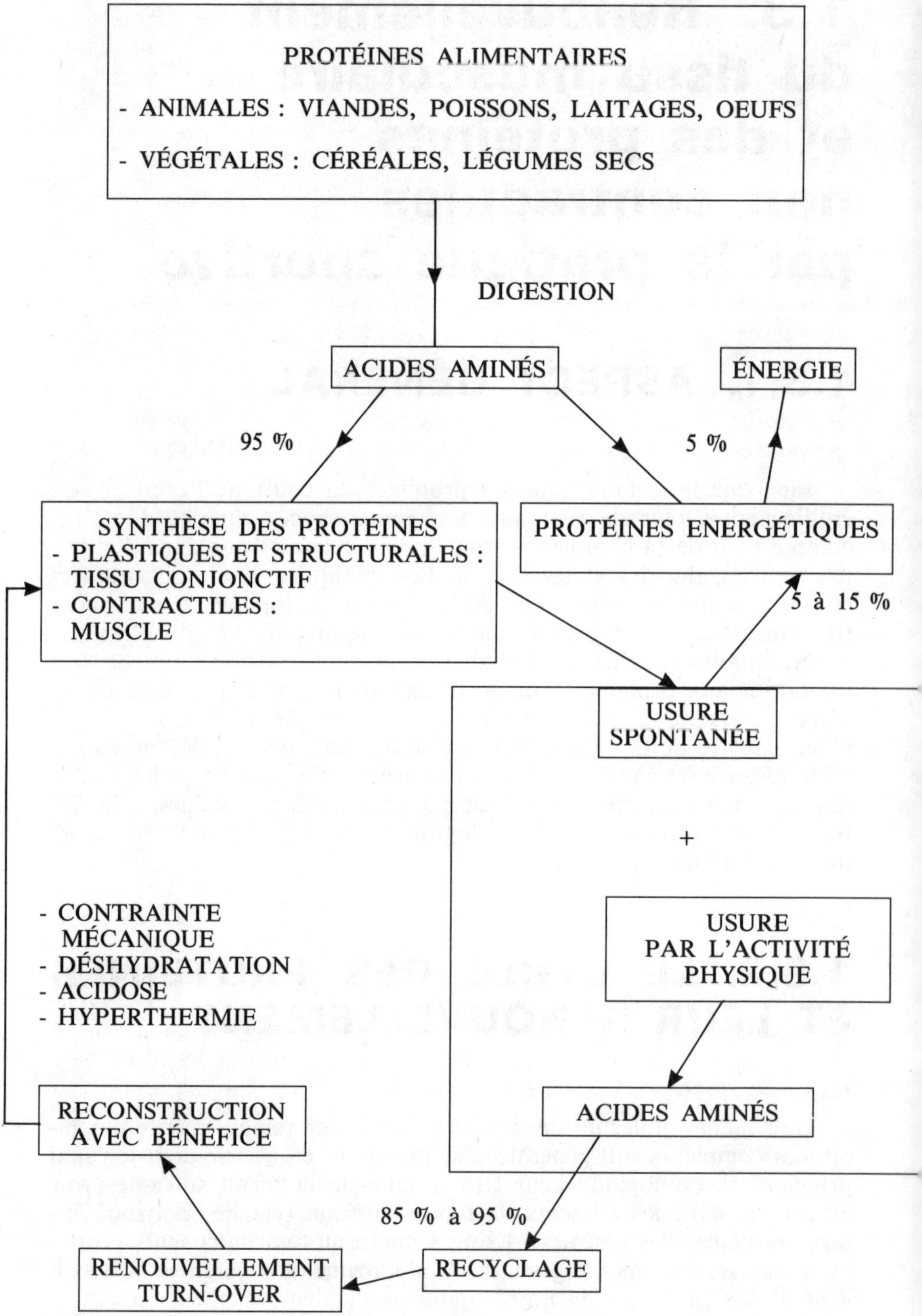
PROTÉINES ALIMENTAIRES
- ANIMALES : VIANDES, POISSONS, LAITAGES, OEUFS
- VÉGÉTALES : CÉRÉALES, LÉGUMES SECS
DIGESTION
ACIDES AMINÉS
ÉNERGIE
95 %
5 %
SYNTHÈSE DES PROTÉINES
- PLASTIQUES ET STRUCTURALES : TISSU CONJONCTIF
- CONTRACTILES : MUSCLE
PROTÉINES ENERGÉTIQUES
5 à 15 %
USURE SPONTANÉE
+
USURE PAR L'ACTIVITÉ PHYSIQUE
- CONTRAINTE MÉCANIQUE
- DÉSHYDRATATION
- ACIDOSE
- HYPERTHERMIE
ACIDES AMINÉS
RECONSTRUCTION AVEC BÉNÉFICE
85 % à 95 %
RENOUVELLEMENT TURN-OVER
RECYCLAGE

tifs, les acides aminés, peuvent alors être utilisés pour la fabrication ou la réparation de nos protéines contractiles (fibres musculaires) et non contractiles (tissu conjonctif). La physiologie de la fibre musculaire en tant qu'organe contractile est l'objet d'un bon niveau de connaissance largement diffusé dans tous les ouvrages de base de physiologie, par rapport au tissu conjonctif qui a été longtemps considéré comme une sorte de trame amorphe et sans intérêt. L'effet de la pratique sportive sur le renouvellement des protéines contractiles et non contractiles est diversement apprécié par les divers auteurs, tous s'accordant sur le fait que l'activité physique joue de façon positive sur la croissance et/ou sur le renouvellement de ces tissus. Certains avancent que le renouvellement du muscle pourrait être cinq fois plus rapide chez les athlètes de haut niveau ayant un entraînement complet (endurance, résistance, musculation, assouplissement...) par rapport au sédentaire. La libération d'acides aminés ou de composés dérivés tels que la 3 méthyl histidine atteste cela. Il est également connu que la synthèse des protéines est diminuée pendant l'exercice et est accélérée pendant la récupération. Une partie importante des acides aminés venant de la dégradation des protéines à l'effort est détournée vers les voies bioénergétiques au détriment des réparations musculaires ultérieures qui ne pourront se faire dans de bonnes conditions que si l'alimentation apporte la quantité adéquate de protéines de bonne qualité, c'est-à-dire riche en acides aminés essentiels. Il résulte de ces études la recommandation d'un apport de sécurité de protéines pour la pratique sportive régulière et soutenue de 1,5 grammes par kilogramme de poids corporel et par jour. Les facteurs les plus souvent invoqués dans la dégradation du muscle sont la durée de l'exercice, l'intensité de l'exercice, la mise en œuvre des protéases musculaires lysosomiales, l'élévation des glucocorticoïdes, l'augmentation du calcium, et l'acidose cellulaire. La plupart de ces paramètres sont présents à l'effort et sont biologiquement interdépendants.

A chaque instant, l'état des tissus protéiques du sujet résulte de l'équilibre entre la dégradation et leur régénération, c'est-à-dire du niveau de protéosynthèse. La régénération dépend de divers facteurs endogènes et exogènes. Parmi les facteurs exogènes, il faut remarquer que les stimulations électriques, les étirements musculaires intermittents et la surcharge musculaire permanente sont plus efficaces que la course à pied. D'après certains auteurs, la durée de l'exercice a un rôle important. La synthèse des protéines musculaires augmenterait significativement après les exercices continus supérieurs à sept heures.

Concernant le rôle du type d'entraînement sur le renouvellement musculaire, les avis divergent. Certains considèrent que les exercices intenses ont un effet stimulant plus important que les exercices prolongés. D'autres distinguent les protéines contractiles et non contractiles. Les premieres seraient dégradées après l'exercice alors que les protéines non contractiles le seraient déjà au cours de l'exercice.

Quelles qu'en soient les modalités, il est acquis que ce renouvellement existe et que le but d'un bon entraînement est d'obtenir un progrès au niveau musculaire après reconstruction. Il ne suffit pas de pratiquer des activités physiques pour progresser. Le choix des activités et la façon de les pratiquer peut, selon les situations, faire progresser ou régresser les performances d'un sujet. La nutrition doit être adaptée à chaque phase de l'entraînement et, de façon plus fine, comme l'entraînement, elle doit être adaptée à chaque individu. Au niveau musculaire, plus que le volume global, le contenu individualisé de l'entraînement conditionne les progrès attendus. Il a été clairement montré que la répétition de séances d'entraînement très rapprochées et très intenses peut aboutir à une diminution de la masse musculaire et de la force du sujet (VCC). Des travaux récents et certaines évidences issues de l'observation des habilités motrices des sportifs et l'étude épidémiologique de leurs accidents indiquent un rôle majeur du tissu conjonctif souvent plus important que le muscle lui-même et dans tous les cas indispensable à l'expression et à la valorisation de celui-ci.

1.3.3. PARTICULARITÉS PHYSIOLOGIQUES DES PROTÉINES NON CONTRACTILES (TISSU CONJONCTIF) ET CONSÉQUENCES PRATIQUES EN SPORT

Aujourd'hui, la trame conjonctive de l'organisme, qu'elle soit liée directement à l'appareil locomoteur, c'est-à-dire au muscle ou aux autres tissus tels que les viscères ou les téguments, est considérée comme un deuxième squelette, moins rigide que le squelette osseux, mais capable d'infiniment plus d'adaptations, en particulier grâce à la pratique sportive, qui vont conditionner des éléments aussi importants en sport et ailleurs que la structure même du schéma corporel, la plasticité générale, la statique, l'âge biologique, la souplesse, les habilités motrices, le rendement musculaire, la tolérance à l'entraînement, la prévention des accidents et la performance. Les statistiques sur les accidents spontanés du sportif sont très parlantes à ce sujet puisqu'elles indiquent une très large implication de ce tissu dans la pathologie classique, épi-

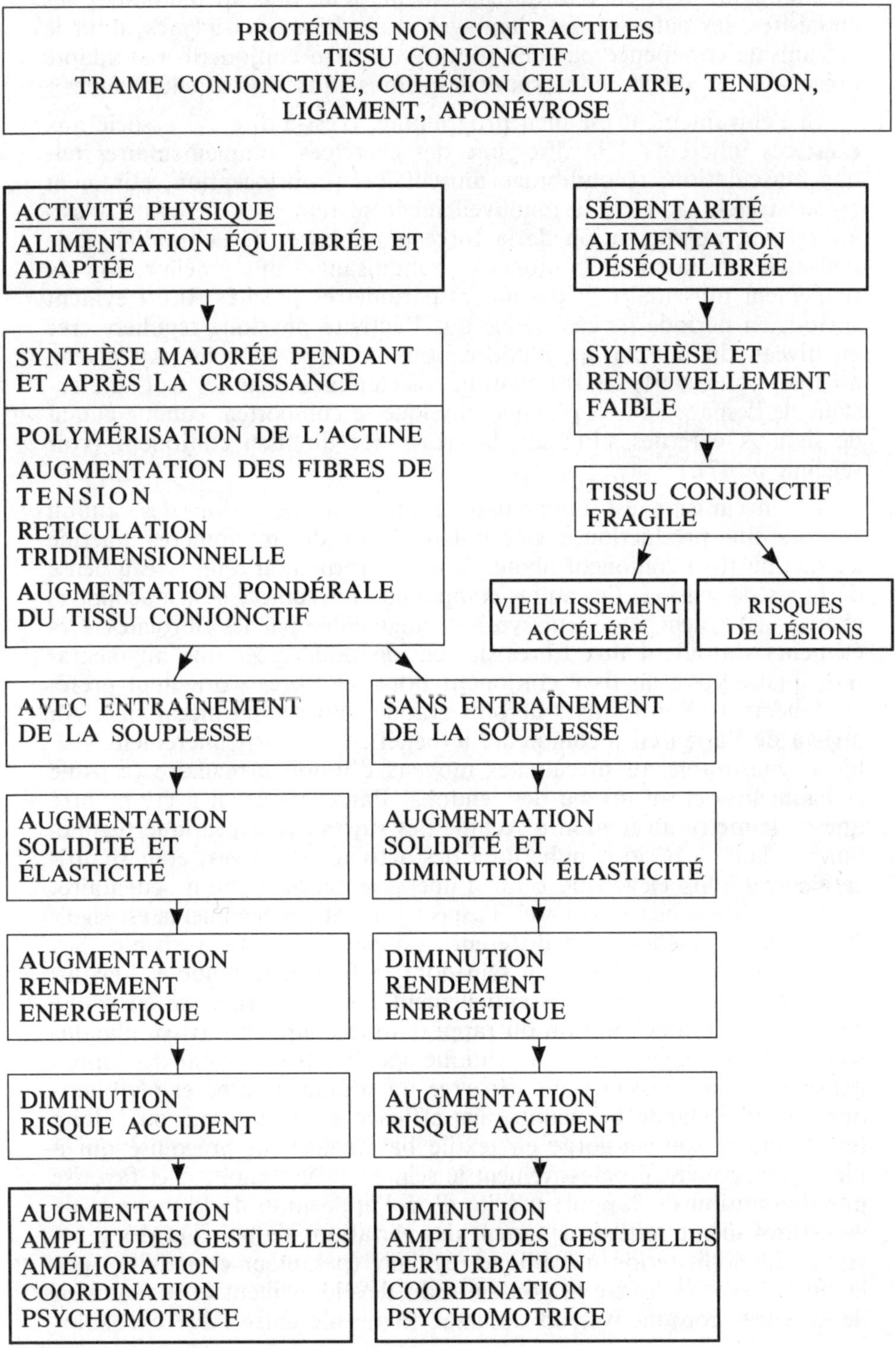
PROTÉINES NON CONTRACTILES
TISSU CONJONCTIF
TRAME CONJONCTIVE, COHÉSION CELLULAIRE, TENDON, LIGAMENT, APONÉVROSE
ACTIVITÉ PHYSIQUE
ALIMENTATION ÉQUILIBRÉE ET ADAPTÉE
SÉDENTARITÉ
ALIMENTATION DÉSÉQUILIBRÉE
SYNTHÈSE MAJORÉE PENDANT ET APRÈS LA CROISSANCE
POLYMÉRISATION DE L'ACTINE
AUGMENTATION DES FIBRES DE TENSION
RETICULATION TRIDIMENSIONNELLE
AUGMENTATION PONDÉRALE DU TISSU CONJONCTIF
SYNTHÈSE ET RENOUVELLEMENT FAIBLE
TISSU CONJONCTIF FRAGILE
VIEILLISSEMENT ACCÉLÉRÉ
RISQUES DE LÉSIONS
AVEC ENTRAÎNEMENT DE LA SOUPLESSE
SANS ENTRAÎNEMENT DE LA SOUPLESSE
AUGMENTATION SOLIDITÉ ET ÉLASTICITÉ
AUGMENTATION SOLIDITÉ ET DIMINUTION ÉLASTICITÉ
AUGMENTATION RENDEMENT ENERGÉTIQUE
DIMINUTION RENDEMENT ENERGÉTIQUE
DIMINUTION RISQUE ACCIDENT
AUGMENTATION RISQUE ACCIDENT
AUGMENTATION AMPLITUDES GESTUELLES AMÉLIORATION COORDINATION PSYCHOMOTRICE
DIMINUTION AMPLITUDES GESTUELLES PERTURBATION COORDINATION PSYCHOMOTRICE

démiologiquement en tête de classement, telle que les tendinites, les enthésites, les entorses, les claquages musculaires eux-mêmes, dont le mécanisme commence par une rupture du tissu conjonctif mal adapté précédant les dégâts concernant les fibres musculaires elles-mêmes.

Si l'entraînement est bien programmé, c'est-à-dire s'il associe aux exercices inhérents à la discipline des exercices complémentaires tels que musculation, rééquilibrage musculaire, proprioception, étirement et/ou stretching, etc., le renouvellement se fera avec bénéfice, c'est-à-dire avec augmentation de la force musculaire, de la solidité et de l'élasticité de la trame conjonctive conduisant à une amélioration du rendement musculaire et des autres paramètres précités. Il est évident surtout en période de croissance que l'activité physique régulière crée au niveau du muscle des modifications connues de tous. Au niveau du tissu conjonctif, les stimulations mécaniques dans les trois dimensions de l'espace lié à la pratique physique se comportent comme autant de signaux externes stimulant la croissance du tissu conjonctif (voir schéma p. 47).

Le mécanisme est maintenant connu : la répétition des stimuli entraîne une production et une polymération des monomères d'actine au sein du tissu conjonctif aboutissant à la formation d'un réseau dense de fibres de tension. Les autres composants (glycoprotéines, mucopolycharides...) voient aussi leur synthèse augmentée par les fibrolates. Ces éléments s'ajoutent aux fibres de tension pour créer une augmentation quantitative du tissu conjonctif dont les fibres s'orientent préférentiellement selon les axes de plus grande sollicitation mécanique. Au niveau de l'appareil locomoteur, le bénéfice est particulièrement visible et mesurable au niveau des moyens d'union articulaire (capsule et ligaments) et au niveau des tendons. Par exemple, il a été montré que le diamètre du tendon d'Achille des sujets ayant pratiqué régulièrement dans la période pubertaire des activités sportives, était significativement plus élevé que celui d'une population témoin sédentaire. Au niveau du schéma corporel, l'aspect général des téguments est significativement amélioré. La différence est particulièrement visible chez la jeune femme au niveau du sein dont la forme, la tenue et l'évolution morphologique sont essentiellement liées à sa richesse en trame conjonctive. L'amélioration du rapport tissu conjonctif/(tissu glandulaire + tissu adipeux) par la pratique sportive au moment de l'apparition et de la croissance du sein crée un soutien interne et périphérique de cette glande beaucoup plus efficace à court terme ou à long terme que le soutien-gorge en textile habituellement préconisé qui à l'inverse appauvrit progressivement le sein en tissu conjonctif et favorise une diminution du rapport précité d'où l'apparition de la ptose et de vergétures même indépendamment des variations de poids et des grossesses. La sollicitation mécanique régulière (pesanteur et activité), par la suite, favorise, outre la poursuite du développement et le maintien de la trame conjonctive, un décalage favorable entre l'âge chronologique et l'âge biologique de ce deuxième squelette évaluable sur les qualités d'hydratation, (pourcentage d'eau) de solidité et d'élasticité de ce tissu.

La souplesse est unanimement reconnue comme étant une qualité basse indispensable à tout sportif.

On pourrait s'attendre à trouver une abondante bibliographie scientifique décrivant les méthodes d'évaluation et son effet positif sur le développement des habiletés motrices, sur le rendement énergétique musculaire, sur la tolérance à l'entraînement sur la prévention des accidents et enfin sur la performance elle-même. En pratique, les publications sont rares mis à part les ouvrages décrivant les techniques d'entraînement de la souplesse. L'évaluation de la souplesse n'est elle-même l'objet actuellement d'aucune standardisation. Chaque équipe de spécialistes développe ses propres techniques, ses propres références et les comparaisons sont de fait souvent irréalisables.

Empiriquement, les différents auteurs s'accordent sur un certain nombre de points retrouvés dans la plupart des ouvrages. Le développement des habilités motrices est considéré par la majorité d'entre eux comme lié au développement de la proprioception, des boucles de régulation impliquées dans le contrôle du mouvement dont les récepteurs sont situés dans le tissu conjonctif. Le développement des amplitudes gestuelles est intimement lié à celui des habiletés motrices. Un sujet raide est rarement bien coordonné et manque très souvent de précision dans ses gestes. Aucun lien entre souplesse et performance n'a été scientifiquement établi. Néanmoins l'analyse des nombreuses performances athlétiques démontre clairement la nécessité d'une très grande étendue de mouvements dans la plupart des activités physiques qui peut concerner un nombre restreint d'articulation ou au contraire leur quasi-totalité comme en gymnastique.

A propos du rendement musculaire, il est également admis que les individus les plus souples sont avantagés. Il se produirait chez eux une diminution considérable des frottements internes dans le déplacement des structures contractiles. Au niveau de la transmission de la force développée par le muscle vers les leviers osseux, c'est-à-dire essentiellement au niveau des tendons, la transmission pourrait être meilleure si cet élément possède une souplesse adaptée. Au-delà de cela, beaucoup plus finement, on peut imaginer que le rendement de la phase pliométrique, qui accompagne la plupart des mouvements élémentaires ou complexes réalisés en sport, est hautement lié aux qualités de souplesse de tout l'appareil locomoteur. La restitution de l'énergie emmagasinée dans cette phase est de toute évidence intimement liée à la qualité d'élasticité du conjonctif qui, avec la solidité, constituent les deux principales qualités de base de ce tissu chez le sportif.

L'aptitude d'un sujet à tolérer son entraînement et à en tirer parti apparaît aussi liée à une qualité optimale du tissu conjonctif, ne serait-ce que par le fait qu'un sujet souple est moins exposé aux courbatures et autres contractures qui diminuent ses possibilités d'entraînement. Un sujet raide qui dépasse à l'entraînement ses amplitudes gestuelles habituelles sera victime, dans les jours qui suivent, de courbatures et de diverses douleurs plus ou moins localisées qui témoignent de cette agression du tissu conjonctif. La réparation de ce tissu se fera dans les jours qui suivent avec une augmentation de la solidité de ce tissu, mais, fâcheusement, avec une perte d'élasticité et d'amplitude, c'est-à-dire que le sujet est globalement moins souple qu'avant une séance génératrice de courbatures. Tout sujet a connu cela à un moment ou à un autre de sa pratique sportive obligatoire ou volontaire. Une séance d'assouplissement trop appuyée et trop prolongée donnera des courbatures dont la réparation paradoxalement fera du sujet quelqu'un de moins souple qu'auparavant. Au-delà de la simple courbature, la recherche trop brutale d'une amplitude inhabituelle peut déclencher des tendinites ou des enthésites de traitement toujours délicat. Par exemple, chez le cycliste le simple fait de relever la selle de quelques millimètres peut conduire à ce type de situation qui peut être évitée si on a pris la précaution de récupérer ou développer progressivement et sans traumatisme ou microtraumatisme la souplesse et l'amplitude de l'articulation ciblée.

La prévention des accidents spontanés de l'appareil locomoteur est également intimement liée à la qualité du tissu conjonctif. A ce sujet il a été reconnu que la solidité du tissu est moins intéressante que sa souplesse. C'est en quelque sorte la fable du chêne et du roseau. Un argument épidémiologique très fort en ce sens dérive de l'étude de la fréquence des entorses, de la cheville par exemple, en fonction de l'âge. A égalité de niveau de pratique, ces entorses sont exceptionnelles avant la fin de la puberté. Leur fréquence augmente très fortement après la puberté au fur et à mesure que le sujet perd sa souplesse et plus précisément la composante élastique de son tissu conjonctif. Ce mécanisme est connu. L'apparition post-pubertaire des hormones sexuelles conduit surtout chez le garçon a un appauvrissement progressif du pourcentage d'eau du tissu conjonctif qui simultanément est l'objet d'un métabolisme augmentant sa solidité. Il est donc très important de développer la souplesse pendant la puberté et à partir de la fin de la puberté de procéder à un entretien minimum de cette souplesse. Si cela n'est pas fait, la récupération ultérieure d'une souplesse normale sera plus difficile à obtenir.

Au niveau des tendons, le traitement actuel préventif des tendinites ou curatif des tendinites chroniques inclut, en bonne place, la récupération ou l'acquisition d'une souplesse maximale. Le traitement médical, même s'il est incisif, d'une tendinite, surtout si elle est chronique, est voué à l'échec tant que le sujet sera raide.

Implicitement, la performance est la résultante des éléments précités dans lesquels la souplesse intervient. Ces deux paramètres, performance et souplesse sont donc intimement liés et indissociables.

CHAPITRE 2

LES TESTS DE TERRAIN UTILISABLES POUR L'ÉVALUATION ET LE SUIVI DE L'ENTRAÎNEMENT DU SPORTIF

2.1. Introduction

Nous ne traiterons pas dans ce chapitre les tests simples utilisés couramment par les enseignants ou les entraîneurs tels que le test de Cooper, de Leger, de Conconi, de Margaria... dont le lecteur trouvera facilement la description et les tables d'interprétation dans la majorité des ouvrages consacrés au sport. Nous évoquons ici les tests de terrain faisant appel à des paramètres plus complexes, mais aussi plus riches en interprétation.

On entend par là généralement des tests physiologiques et biologiques réalisés à l'occasion des séances d'entraînement ou éventuellement des compétitions. Le sportif est donc dans son élément et pratique sa discipline ou une activité qui le prépare à sa discipline. Ces tests sont généralement très appréciés des athlètes et de l'encadrement technique, car ils diminuent les contraintes de ceux-ci et approchent mieux la réalité de la discipline que les tests de laboratoire. Pour l'équipe médicale formée à la biologie qui pratique ces tests, les conditions de travail sont par contre beaucoup plus difficiles, ne serait-ce qu'en raison des aléas de la météorologie. La préparation de ce type d'intervention nécessite de dresser une liste complète et adaptée de matériel, de sélectionner des techniques fiables en toutes circonstances et d'utiliser du matériel portable ou, si possible, portatif. Tout cela nécessite une longue préparation et une certaine habitude. Pour alléger les préparatifs, il est possible de ne réaliser sur le terrain que les prélèvements qui seront analysés non pas sur place, mais secondairement dans un laboratoire fixe. Il est évident que la préférence des sportifs va vers l'analyse immédiate des échantillons et le rendu des résultats au cours et/ou à la fin de la séance.

Ce type de tests est néanmoins à la portée de nombreux clubs dans la mesure où ils sont programmés au début de la saison et qu'un petit budget a pu être dégagé. Dans la très grande majorité des disciplines, ces tests ne remplacent pas les tests en laboratoire, mais les complètent de façon très utile. Ils améliorent énormément la transposition des résultats à l'entraînement. Par rapport à une simple évaluation de la performance, ils apportent en plus des résultats analytiques objectifs sur les capacités du sujet, qui permettent de quantifier les points forts et les points faibles du sujet donc de réorienter l'entraînement en temps réel sans attendre une contre-performance pour remettre en cause le programme des mois précédents. Ils s'intègrent parfaitement à la méthode de travail rigoureux de certains entraîneurs qui consiste à réaliser une première évaluation conduisant à un certain plan d'entraînement qui sera réorienté par exemple tous les deux mois en fonction des résultats obtenus dans les divers secteurs analysés (puissances, capacités, seuil anaérobie, pouls maximal, etc.) par rapport aux objectifs fixés. D'autres entraîneurs ou athlètes aiment mieux se fier à leur instinct et refusent ce type d'évaluation objective préférant, par là-même, laisser la porte ouverte à d'autres explications que leurs erreurs en cas de mauvais résultats. En cas de bons résultats, l'étude rétrospective des résultats des tests de terrain et des autres permettra progressivement de définir les meilleures modalités d'entraînement et de les individualiser pour en accroître l'efficacité.

2.2. Paramètres les plus courants utilisables pour la réalisation des tests de terrain

Cinq paramètres dont la mise en œuvre est plus ou moins facile et/ou onéreuse, sont mesurables sur le terrain.

2.2.1. LA PUISSANCE DÉVELOPPÉE

Ce paramètre est difficile à déterminer par méthode directe sauf si on dispose d'un capteur spécifique comme cela existe actuellement en cyclisme. Il est par contre très facile, avec des mesures simples de temps, de vitesse, de distance, et de dénivelé (altimètre ou lecture sur carte d'État-major) d'estimer la puissance développée. Si l'activité s'opère ailleurs que sur un terrain standard comme un stade ou une piscine par exemple, il est nécessaire de procéder à un repérage précis sur le terrain et d'arrêter un « parcours test » qui sera utilisé pour chaque évaluation. Si l'entraînement a lieu dans différents endroits, il est possible d'avoir plusieurs parcours, mais on s'efforcera qu'ils soient aussi identiques les uns que les autres notamment au point de vue de l'altitude.

2.2.2. LA FRÉQUENCE CARDIAQUE

Quoique simple, la mesure de ce paramètre doit être réalisée de façon précise fiable et reproductible. Les cardiofréquencemètres de bonne qualité donnent toute satisfaction dans la mesure où ils sont utilisés de façon correcte, c'est-à-dire en respectant les mêmes consignes que pour un enregistrement électrocardiographique :

— choix de l'intervalle de mesure 5, 10, 15, 30, 60 secondes en fonction du test à réaliser ;

— absence de sous-vêtement électrostatique ou contenant des pièces métalliques (soutien-gorge) ;

— nettoyage préalable de la peau avec un solvant des graisses (mélange éthanol/acétone par exemple) ;

— amélioration du contact des électrodes par une pointe de gelée conductrice (gel pour électrocardiographie par exemple) ou utilisation d'électrodes collantes prééquipées ou additionnées de gel conducteur ;

— réglage convenable de la ceinture élastique de façon à obtenir un contact satisfaisant même pendant les mouvements. Tout glissement ou dérapage sur la peau peut provoquer des parasites ou des défauts d'enregistrement. A l'inverse une ceinture trop serrée peut, sans que le sujet s'en aperçoive, gêner sa ventilation, donc fausser le test ;

— utilisation du mode enregistrement et des marqueurs d'événements si le cardiofréquencemètre en est équipé. Cela simplifiera le chronométrage et l'exploitation graphique, statistique et informatique des résultats ;

— propreté et entretien de l'appareil (échange régulier des piles, pile de rechange).

L'utilisateur qui ne respecterait pas ce mode d'emploi s'expose à des erreurs qu'il n'a aucun moyen de détecter, sauf si elles sont grossières, et qui fausseront totalement l'interprétation des résultats. Le défaut de fiabilité reproché aux tests de terrain trouve souvent une explication à ce niveau.

Pour un prix légèrement supérieur au modèle standard, la plupart des fabricants proposent des modèles étanches qui sont bien utiles, même en dehors du milieu aquatique, notamment pour les tests en extérieur.

Les cardiofréquencemètres enregistreurs améliorent et simplifient grandement le recueil des fréquences cardiaques. Il est néanmoins prudent de noter à la main les fréquences aux moments-clés des tests. En cas de fausse manœuvre au moment du décodage, la mémoire peut être totalement effacée. Dans notre expérience cela se produit une à deux fois pour dix tests. Cette petite contrainte supplémentaire permet de sauver la situation.

Si on ne dispose pas de cardiofréquencemètres, la simple mesure du pouls peut donner d'excellents résultats à condition d'être réalisée correctement. La mesure par palpation de l'artère radiale doit être réalisée par les trois doigts du milieu de la main opposée. Le coude du côté de l'artère utilisé doit être non fléchi de façon à favoriser l'onde pulsatile. La mesure doit s'effectuer sur 15 secondes, immédiatement à l'arrêt de la phase d'exercice. L'utilisation du pouls carotidien est à déconseiller, car la pression appliquée sur elle pour réaliser la mesure peut déclencher une bradycardie réflexe par l'activation des récepteurs situés à ce niveau. La palpation de la pointe du cœur est possible mais très difficile au repos chez certains sujets.

Quelle que soit la méthode utilisée, la mesure devra être effectuée ou prise en compte après au moins deux minutes de travail à puissance stable. Physiologiquement il a été établi que ce délai était indispensable pour obtenir une valeur stable. Ce délai est raccourci chez les enfants à une minute vers l'âge de dix ans. Si la puissance est très élevée et ne peut donc être tenue deux minutes (dernier palier d'une épreuve à puissance croissante), le moment précis de la mesure du pouls sera noté de façon à répéter ultérieurement les mesures aux mêmes moments. Les conditions d'environnement, notamment la température extérieure sera notée puisqu'il est connu que les valeurs basse ou haute augmentent le pouls de base et les courbes de pouls à l'effort. Cela doit être pris en compte lorsque l'on compare deux tests espacés dans le temps de quelques semaines ou de quelques mois.

2.2.3. LE TAUX DE LACTATE OU LACTATÉMIE

Le recueil des échantillons sanguins doit être effectué d'après la réglementation en vigueur, par un personnel habilité (renseignement auprès de la DRASS), même en cas de prélèvement en microméthode de sang capillaire du lobe de l'oreille ou de la pulpe des doigts. Si des volumes supérieurs à 200 microlitres sont nécessaires, il est préférable d'utiliser un microcathéter souple préalablement placé dans une veine de l'avant-bras du sujet et solidement amarré par des bandelettes adhésives stériles. Les appareils portables ou portatifs actuels fonctionnent avec de très petits échantillons (10 à 100 microlitres) qui sont facilement obtenus par une seule piqûre à l'aide d'un vaccinostyle ou d'une microlance stérile à usage unique. Pour être acceptable, des consignes très strictes de prélèvement doivent être respectées qui sont généralement décrites avec le mode d'emploi des analyseurs. Le lieu de prélèvement (la pulpe du doigt est commode) doit être chaud ou réchauffé préalablement au début du test et non au moment du prélèvement. Même en été, le port de gants est souvent indispensable pour obtenir une vasodilatation capillaire garantissant que le sang prélevé est effectivement représentatif du sang systémique. À partir d'une main froide, le prélèvement sera difficile à recueillir et le résultat de l'analyse ne pourra qu'être faux puisque réalisé sur du sang de stase qui n'a pas participé à l'exercice. Le moment du prélèvement est très important à définir et à standardiser. Il est admis, par la plupart des utilisateurs, qu'en cas d'épreuve par palier, le prélèvement de lactate doit être effectué à deux minutes après l'arrêt du palier. En cas d'épreuve progressive et continue, il sera effectué dans les vingt dernières secondes de chaque palier. La piqûre devra être franche et suffisamment profonde pour atteindre les petites arcades artérielles de la pulpe. Le saignement doit être franc. La première goutte qui apparaît sera éliminée par tamponnement. Le remplissage des tubes capillaires devra être fait le plus rapidement possible et sans intégration de bulles d'air qui fausseraient le volume final prélevé. Il est possible d'activer le saignement par un massage léger des deux dernières phalanges. S'il est nécessaire d'appuyer fort sur la pulpe pour obtenir les gouttes de sang nécessaires, l'échantillon ne sera pas valable. Il est nécessaire alors de réaliser une nouvelle piqûre dans un autre doigt ou à distance de la précédente en restant néanmoins sur l'extrémité distale de la dernière phalange. Pour les prélèvements suivants, il est souvent possible de ne pas faire une nouvelle piqûre à condition que le saignement continue à être franc et quasiment spontané. Il est parfois possible, avec une seule piqûre, de prélever, à quelques minutes d'écart, 10 à 12 échantillons de quelques dizaines de microlitres. Le traitement ultérieur des échantillons (mise au froid, mélange avec un réactif particulier...) devra être réalisé en se conformant scrupuleusement aux consignes du fabricant. Le non respect des règles de prélèvement rapportées ci-dessus conduit à des valeurs aberrantes. Ceci est très souvent à l'origine du discrédit dont les tests de terrain font, à tort, l'objet.

Pour activer le saignement, en particulier chez les sujets présentant un syndrome de Raynaud, il est possible d'utiliser des pommades vasodilatatrices.

Autant que possible, l'analyse de l'échantillon sera réalisée en double.

2.2.4. Le pH SANGUIN. ÉVALUATION DE L'ACIDOSE

Ce paramètre est indispensable à mesurer pour l'évaluation de la puissance et de la capacité anaérobie du sujet parallèlement aux taux de lactate. L'acidose est en effet considérée par la plupart des auteurs comme le facteur limitant principal affectant la contraction musculaire dans la zone des puissances submaximales et maximales (VCC). Statistiquement, les variations de pH sont liées aux variations de lactates et l'habitude a été prise d'utiliser la seule mesure du lactate pour explorer l'acidose lactique. Individuellement, cette corrélation est souvent mise en défaut. Il est courant de rencontrer des sujets (surtout dans le haut niveau) présentant un pH beaucoup moins acide que ne le laisserait prévoir le taux de lactate. Le contraire est également possible notamment chez les sujets peu entraînés et présentant une mauvaise ventilation d'effort. En effet, l'origine biochimique des protons diffère de l'origine des anions lactates (VCC), il est donc utile de doser les deux paramètres.

En biologie clinique, la mesure du pH est souvent associée à celle des gaz du sang (oxygène et gaz carbonique). L'appareillage et le coût de l'analyse sont alors élevés. En biologie du sport, il est suffisant de ne mesurer que le pH du sang. Le coût de l'appareil et de l'analyse devient abordable puisqu'il est du même ordre que celui du dosage de lactate. Les modalités de prélèvements sont très rigoureuses et, encore plus que pour le lactate, conditionnent la qualité du résultat. L'utilisation de prélèvement en microméthode est bien adaptée à ce type d'exploration puisqu'elle permet d'accéder au sang des capillaires artériels dont la composition acido-basique et gazeuse est beaucoup plus stable que celle du sang veineux qui conviendrait moins bien, de ce fait, pour ce type d'analyse. La ventilation a un effet majeur et quasiment instantané sur le pH sanguin (équation d'Henderson Hasselbalch) et, de ce fait, il convient, pour une reproductibilité maximale de la méthode, d'utiliser (comme en biologie clinique) du sang ayant subi des échanges pulmonaires, c'est-à-dire du sang du réseau artériel systématique plutôt que du sang veineux dont on ne peut connaître le cheminement au moment où on le prélève à la pulpe du doigt. Le sang veineux effèrent des groupes musculaires principaux concernés par l'exercice représenterait le prélèvement idéal. Cela est irréalisable en pratique, compte tenu de la rapidité des échanges gazeux au niveau pulmonaire, en particulier la très grande vitesse d'épuration du sang en gaz carbonique. Le prélèvement doit être réalisé immédiatement à l'arrêt de l'exercice si celui-ci est réalisé par paliers discontinus ou à des moments extrêmement précis en cas d'épreuve continue.

En effet, 10 à 15 secondes correspondent à l'effort à 6 ou 10 cycles ventilatoires et peuvent se traduire au niveau du pH sanguin par une compensation de plusieurs millièmes d'unité pH. L'échantillon pourra être éventuellement conservé plusieurs heures, en position horizontale pour éviter la sédimentation des globules, sur de la glace fondante à l'intérieur d'une glacière, avant de procéder à l'analyse qui est très rapide et économique. 50 microlitres suffisent pour une analyse qu'il est souhaitable, comme pour le lactate, de réaliser en double.

En pratique, le prélèvement du pH précédera donc celui du lactate qui sera effectué à la suite à partir de la même piqûre avec un délai en fonction du protocole.

L'appareillage utilisé sera obligatoirement de qualité médicale pour obtenir la fiabilité et la précision souhaitées.

2.2.5. LA GLYCÉMIE

Le maintien d'un équilibre glycémique satisfaisant constitue une condition nécessaire quoique non suffisante à la réalisation d'une performance motrice. En dessous d'une durée de vingt minutes environ, chez un sujet normal présentant une alimentation normale, le stock de glycogène ne constitue pas un facteur limitant de l'exercice.

Dans les mêmes conditions, au-delà de 20 minutes, et en fonction de la puissance développée et du caractère intermittent de l'exercice (les hautes puissances et l'intermittence majorent considérablement les besoins en glucose) le déficit en glycogène observable au niveau des groupes musculaires en action conduit à une augmentation du prélèvement de glucose à partir du sang circulant conduisant à une diminution de la glycémie elle-même responsable des signes d'asthénie d'effort rapportés par les sujets. Il ne s'agit pas, la plupart du temps, d'authentiques hypoglycémies, quoique cela soit possible, mais de baisse rapide de la glycémie que le système nerveux ressent et traduit par les mêmes signes ; la glycémie restant dans le bas de la fourchette des valeurs normales. La mesure de ce paramètre est donc précieuse pour s'assurer que la limite de la performance vient bien de la limite des cinétiques aérobie, anaérobie et acido-basique et non pas d'une baisse de disponibilité en substrat glucidique. L'exercice, quel que soit son niveau et son degré d'intermittence, n'est réalisable qu'à condition de disposer du glucose nécessaire dont le pourcentage dans la fourniture énergétique va de 10 % chez l'athlète de haut niveau en travail endurant continu, à 100 % dans les phases intensives chez tous les sujets.

Un surcoût glucidique existe chez les sujets non entraînés et en cas de travail intermittent chez tous les sujets. Il arrive que l'expérimentateur cherche dans les résultats de lactates ou de pH des explications introuvables à une mauvaise performance dont l'origine se situe plus simplement au niveau de la glycémie. Chez le sujet jeune de moins de vingt ans, la tendance à l'hypoglycémie relative ou absolue semble plus fréquente que chez le sujet âgé et mieux entraîné qui, en général possède un pourcentage d'utilisation de glucides à l'effort plus faible, des stocks plus importants au niveau musculaire et hépatique et une régulation glucidique plus fine donc plus économique. Après identification de ce type de problème, la solution est relativement facilement apportée par une nutrition et un ravitaillement adaptés (VCC).

Les athlètes, même de haut niveau, ne sont pas à l'abri de ce problème qui doit toujours rester présent à l'esprit des investigateurs.

En dehors de la situation d'hypoglycémie très évocatrice, il existe de nombreux états intermédiaires non parlants cliniquement qui ne peuvent être mis en évidence que par une investigation systématique. On se rend alors compte, pour le plus grand bénéfice des intéressés, que ce type de situation est beaucoup plus fréquent qu'on ne peut l'imaginer.

2.3. Les tests de terrain les plus courants

2.3.1. ÉVALUATION BIOLOGIQUE SUR TESTS CHRONOMÈTRES

Au cours d'un test réalisé sur le « parcours test » standardisé par le coureur ou l'entraîneur, il est souhaitable trois ou quatre fois par an ou en fonction du programme d'entraînement, de réaliser, en plus du chronométrage, la mesure de la fréquence cardiaque et des paramètres biologiques sanguins évoqués ci-dessus. Ces paramètres seront mesurés au repos (avant toute activité), à la fin de l'échauffement à la fin de l'épreuve chronométrée et à quinze minutes de la récupération dont une partie au moins aura été réalisée de façon active (VCC). Pour évaluer plusieurs sujets, il importe de prévoir l'ordre de départ et l'intervalle de temps entre deux départs successifs de façon à éviter que deux sujets ne se présentent simultanément pour les prélèvements.

En référence aux données de la littérature et à la propre expérience issuc des tests antérieurement pratiqués sur les sujets évalués ou sur d'autres, il sera possible d'estimer la puissance et la capacité aérobie et anaérobie des sujets. Les valeurs attendues sont fonction de la durée du test et de la régularité de la puissance ou de fréquence cardiaque demandées ou non au sujet. Il est plus facile d'interpréter un test continu réalisé à l'allure course sans sprint final, qu'un test intermittent terminé par un sprint. L'étude de l'enregistrement cardiaque et/ou du chronométrage fractionné renseignera sur la régularité. Les critères objectifs biologiques ou physiologiques d'interprétations sont les mêmes que les épreuves en laboratoire, c'est-à-dire globalement 100 % du pouls maximal, lactates supérieurs à 10 mmol, pH inférieur ou égal à 7,20. Après quinze minutes de récupération, il est exigible que la fréquence cardiaque soit redescendue en dessous de 100, que le lactate ait baissé de 7 mmol (s'il était monté au-dessus de 10 mmol), et que le pH soit remonté au-dessus de 7,35. A défaut, il existe un déficit de récupération très préjudiciable à l'entrainabilité et à l'aptitude du sujet à répéter ses performances.

Ce type de test permet de distinguer les progrès objectifs du sujet de sa motivation. A égalité de performance entre deux tests, le sujet aura physiologiquement progressé, s'il a des paramètres abaissés en fréquence cardiaque et en lactate et majoré en pH. Le sujet aura simplement manqué de motivation. Tous les autres cas de figure possibles répondent au même type d'algorythme d'interprétation. Le sujet qui progresse de façon certaine est celui qui améliore sa performance chronométrée avec évolution de ses paramètres dans le sens d'une plus grande aisance cardiaque et métabolique, c'est-à-dire :

Cas très favorable = diminution du pouls par rapport à la puissance absolue,
diminution des lactates par rapport à la puissance,
augmentation du pH par rapport à la puissance

Cas favorable = maintien des trois paramètres par rapport à la puissance absolue.

Cas encore favorable = élévation du pouls par rapport à la puissance absolue, mais l'élévation est moins forte que celle prévisible à partir des courbes pouls/puissance antérieurement établies pour le sujet.

Élévation de lactate par rapport à la puissance absolue, mais l'élévation est moins forte que celle prévisible à partir de courbes pouls/lactates antérieurement établies pour le sujet.

Abaissement du pH par rapport à la puissance absolue, mais l'abaissement est moins fort que celui prévisible à partir des courbes pH/pouls établies antérieurement pour le sujet.

Si l'amélioration de la performance va de paire avec une élévation du pouls, une élévation de la lactatémie et une diminution du pH prévisible individuellement par extrapolation directe des données antérieures, le sujet a progressé en motivation et/ou en capacité anaérobie.

Si la capacité du sujet a diminué, le même type d'interprétation mais en sens contraire peut être appliqué. Ce type de test permet également de mettre en évidence certains facteurs limitants chez le sujet par exemple l'existence d'un plafonnement précoce de fréquence cardiaque (le sujet tourne en « diesel ») qui peut entraîner une diminution du débit cardiaque maximal, sauf si une augmentation du volume d'éjection systolique s'est développée entre temps (il faut plusieurs années). L'étude de la fréquence cardiaque de repos du matin renseignera très utilement à ce sujet. Un déficit de la ventilation ou une inefficacité ventilatoire à l'effort (fréquence trop élevée, volume courant trop faible) peuvent être diagnostiqués si le sujet présente une acidose plus forte que celle prévisible par le taux de lactate (6 mmoles de lactates en état stable correspondent habituellement à 7,32 de pH, 10 mmoles à 7,20, 14 mmoles à 7,10).

A propos de l'échauffement, il faut préciser que quelle que soit la modalité choisie, (échauffement progressif ou échauffement avec « fractionné » court) le taux de lactate et le pH doivent témoigner que le sujet n'a pas fait de travail anaérobie lactique, c'est-à-dire que la lactatémie ne dépasse pas 2 à 3 mmoles et que le pH est égal ou supérieur (alcalose respiratoire) à 7,40 à la fin de l'échauffement. Tout travail acidifiant diminue la réserve alcaline (stock de bicarbonate du sujet) et diminuera sa capacité de travail anaérobie pour la suite de son activité.

2.3.2. DÉTERMINATION DU SEUIL AÉRO-ANAÉROBIE SUR LE TERRAIN

Plusieurs méthodes plus ou moins empiriques et plus ou moins scientifiquement validées permettent la détermination, de façon reproductible, des seuils évoqués au chapitre concernant les évaluations énergétiques au laboratoire.

2.3.2.1. Méthode empirique par exploitation des enregistrements de fréquence cardiaque en course

C'est en quelque sorte la méthode du pauvre. Il suffit de procéder à l'enregistrement de fréquences cardiaques pendant des compétitions (cyclisme, ski de fond, course à pied...) dont la durée excède trente minutes, puis d'analyser statistiquement les courbes obtenues par le calcul du temps cumulé pour des tranches de fréquences cardiaques augmentées de 3 en 3 ou de 4 en 4 pulsations. La tranche qui a été tenue la plus longtemps et le plus souvent au cours dc la course, c'est-à-dire statistiquement le mode de l'histogramme de temps cumulé sur la base de tranche de fréquence cardiaque donne une excellente approche de la fréquence cardiaque au seuil.

Ce moyen est très peu onéreux, toujours très bien accepté par le sportif et la valeur trouvée correspond dans la quasi-totalité des cas à la valeur individuelle déterminée par les protocoles lourds reposant sur les prises de sang itératives au cours d'épreuves d'effort progressivement croissant en laboratoire ou sur le terrain nécessaire à l'établissement des courbes puissance/pouls, pouls/lactates, pouls/pH. Ces protocoles lourds restent néanmoins indispensables puisqu'ils explorent beaucoup d'autres paramètres très utiles pour l'évaluation métabolique du sportif.

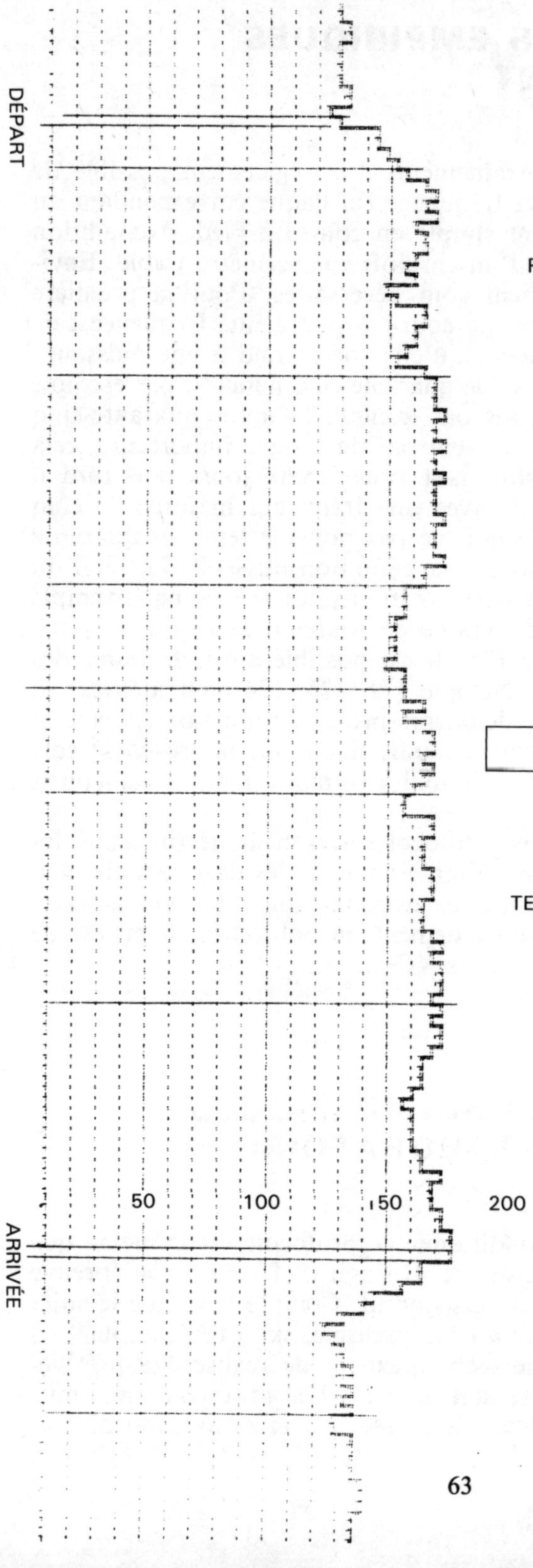

ÉPREUVE

POULS	DURÉE
088	15″
092	15″
100	30″
104	15″
108	1′00″
112	2′30″
116	2′00″
120	2′15″
124	1′00″
128	7′00″
132	5′30″
136	5′45″
140	2′15″
144	1′30″
148	1′30″
152	3′30″
156	7′00″
160	6′30″
164	11′45″
168	15′00″ — SEUIL AÉRO-ANAÉROBIE
172	4′30″
176	45″

TEMPS DU RECORD :
1 H 22′ 30″

ÉPREUVE

2.3.2.2. MÉTHODES EMPIRIQUES PAR TÂTONNEMENT

Sur quelques séances d'entraînement, il est également possible de déterminer par tâtonnement la fréquence cardiaque correspondant au seuil. Cela est particulièrement simple en course à pied, à condition de disposer, pour l'occasion, d'un cardiofréquencemètre fiable. Environ cinq séances d'entraînement sont nécessaires. Pour la première séance, il est demandé au sujet de courir à plat à une fréquence cardiaque dont il sait par expérience qu'elle correspond à une puissance qu'il est capable de soutenir plus de quarante-cinq minutes, par exemple une fréquence de 160 pulsations par minute. Si après quarante-cinq minutes de course, le sujet ne ressent pas de fatigue importante, cela confirme que son seuil est plus haut situé. Deux jours plus tard il recommence le même test mais avec une fréquence majorée de cinq pulsations et ainsi de suite jusqu'à ne pas pouvoir tenir les quarante minutes imposées pour répondre à la définition du seuil. Le seuil du sujet se trouve alors entre la dernière fréquence tenue, par exemple 170 et celle qu'il n'a pas été capable de soutenir de façon continue quarante minutes, c'est-à-dire 175. Il est possible alors de tester des fréquences intermédiaires par exemple 172, 173, 174 pour affirmer la détermination de ce seuil. Ce deuxième protocole qui fait appel à la motivation du sujet est légèrement moins fiable que le précédent surtout chez les sujets qui ont plus de mal à se motiver à l'entraînement qu'en compétition.

Il existe beaucoup d'autres protocoles très bien décrits dans les ouvrages spécialisés. Notre objectif n'est pas de les décrire mais d'en faciliter le choix, l'interprétation et les éléments utilisables pour adapter individuellement les plans d'entraînement aux objectifs. Il en est de même pour la détermination de la VO_2 max.

2.3.2.3. MÉTHODES SCIENTIFIQUES TRANSPOSÉES DU LABORATOIRE

Le principe général qui conditionne ce protocole est le même que pour les tests de seuil en laboratoire. Il s'agit d'effectuer une épreuve croissante par palier continu ou discontinu. Compte tenu que le sujet se déplace sur le terrain (course à pied, cyclisme, ski à roulette, nage...) il est pratiquement impossible techniquement de réaliser les prélèvements sans que le sujet arrête son activité. Les protocoles intermittents sont donc les plus utilisés. Cela crée une incorporation obligatoire de phase de récupération passive ou semi-active partielle. A condition de standardiser ces phases de récupération, cela ne nuit pas à la qualité du test dès l'instant que l'on se conforme à un protocole standardisé.

Une première possibilité consiste à faire réaliser au sujet successivement plusieurs tours d'un circuit dont la longueur a été déterminée de façon à ce que, à sa vitesse maximale prévisible, le sujet mette entre trois minutes et trois minutes quinze secondes pour en couvrir la distance. La période d'arrêt pour la réalisation des prélèvements est en général fixée à trois minutes. Grâce à un cardiofréquencemètre, le sujet accomplit successivement des tours de circuit en commençant par une fréquence correspondant chez lui à une puissance moyenne (fréquence cardiaque 150 par exemple) qu'il s'efforcera de maintenir aussi régulièrement que possible pendant les cinq minutes environ que durera le premier tour. Pour que le test soit valable, il faut qu'au moins les deux dernières minutes de chaque palier aient été réalisées à la fréquence stable imposée ou à une fréquence proche. La stabilité de la fréquence était plus importante que la valeur elle-même qui pourra toujours être portée sur les graphiques permettant l'interprétation des résultats. A chaque palier, le sujet augmente sa fréquence de cinq pulsations jusqu'à ce qu'il ne soit plus en mesure de tenir sur la totalité du circuit la puissance (donc la fréquence cardiaque) imposée. Il est bon que le sujet réalise en double ce dernier tour de façon à être sûr que cette fréquence correspond effectivement à son palier maximum et à estimer sa capacité de travail à ce maximum relatif.

Comme pour les épreuves simples chronométrées, il est utile d'explorer la récupération à quinze minutes après l'arrêt au dernier palier soutenu.

Un autre protocole est également utilisable qui consiste à procéder en navette (aller et retour) sur un parcours linéaire (non en boucle) en montée. Ce type de protocole est obligatoire à utiliser lorsque les sujets ne peuvent atteindre leur maximum à plat à cause de limites gestuelles comme c'est le cas en ski de fond ou en ski à roulettes par exemple. En dehors de ces cas particuliers, ce protocole est également à recommander dans la mesure où il permet au sujet d'atteindre plus rapidement et plus facilement la fréquence demandée et de la maintenir régulière. Il est bien adapté à la course à pied. La perte sera choisie aussi régulière que possible et à 10 % environ. Sa longueur sera choisie et repérée au sol selon la même modalité que précédemment.

Les prélèvements et les relevés de temps et de fréquence cardiaque seront effectués à chaque arrivée au point haut choisi. Il est commode de disposer d'interphones pour réguler les départs ou d'afficher clairement la liste et les temps de départ au point bas. La durée de récupération sera plus longue que dans le protocole précédent puisque le sujet doit à chaque fois redescendre au point de départ. En pratique, il faut prévoir que chaque sujet reprenne le départ précisément toutes les dix minutes. La durée de récupération s'allonge au fur et à mesure que la vitesse de montée diminue. Elle passe environ de cinq minutes pour les premiers paliers à sept minutes pour les derniers. Ces récupérations partielles ne nuisent pas à la qualité du test qui reste très reproductible et très fiable.

L'exploitation des résultats et les principes d'interprétation restent les mêmes que pour les tests en laboratoire (VCC). Les valeurs de référence seront établies par extrapolation des données de la littérature modifiées par l'expérience acquise par la répétition des tests sur le même terrain.

2.3.3. ÉVALUATION BIOLOGIQUE SUR SÉANCE D'INTERVALLE AÉROBIE

La méthode d'entraînement par « intervalle aérobie » est relativement bien codifiée et d'usage classique dans le milieu sportif. Cette méthode se prête assez bien à des évaluations biologiques puisqu'elle alterne des phases de travail au-dessus du seuil sur des durées de deux à trois minutes avec des phases de récupérations de sept à huit minutes. Le nombre des répétitions que le sujet est capable de produire dépend de ses progrès et/ou de sa motivation. La mesure des paramètres sanguins précités interprétés en fonction de la vitesse et de la fréquence cardiaque permet d'évaluer objectivement l'évolution des aptitudes énergétiques du sujet. En fonction du mode de travail utilisé et du terrain choisi, des références spécifiques devront être établies.

Le protocole d'évaluation du seuil aéro-anaérobie sur le terrain est le plus lourd à mettre en œuvre. Il est aussi celui qui explore le plus grand nombre de paramètres d'évaluation du domaine aérobie et anaérobie.

CHAPITRE 3

LES DÉTERMINANTS BIOLOGIQUES IMPLIQUÉS DANS L'ACTIVITÉ PHYSIQUE ET LA PERFORMANCE. STATUT NUTRITIONNEL. SUIVI BIOLOGIQUE. PARAMÈTRES BIOLOGIQUES

3.1. Le statut nutritionnel de l'athlète

Assurer à l'athlète un statut nutritionnel satisfaisant implique une alimentation équilibrée, diversifiée et adaptée.

L'équilibre permet une répartition harmonieuse de la ration énergétique sur une journée et participe à procurer une efficacité maximale à l'organisme aussi bien au niveau du renouvellement des tissus, de la croissance éventuelle que de la réalisation d'une performance motrice. Il existe actuellement un consensus de tous les spécialistes pour proposer : 12 à 15 % de l'apport énergétique total assurés par les protides, 25 à 30 % par les lipides et 55 à 60 % par les glucides.

La diversification assure, elle, l'utilisation de tous les aliments à notre disposition et évite ainsi tout risque de carence.

L'adaptation consiste à harmoniser les dépenses énergétiques (activité physique) avec les apports nutritionnels (notre assiette). Le contrôle du poids permet de réaliser cet équilibre. Un poids stable signifie en effet une adéquation entre apports et dépenses. Une prise de poids évoque une consommation alimentaire excessive alors qu'inversement la perte de poids, volontaire ou non, signifie une rupture de la balance énergétique avec des dépenses non compensées par les ingesta.

Dans le cas qui nous intéresse ici, c'est-à-dire celui de pratiquants sportifs, les dépenses enregistrées autorisent des apports alimentaires très largement suffisants pour assurer la couverture des besoins en nutriments, vitamines, minéraux et oligo-éléments sitôt que les 2 700 calories par jour seront atteintes ou dépassées.

En dehors des déficiences biologiques spécifiques évoquées par ailleurs, l'alimentation ne doit pas faire appel à des supplémentations miracles. Mais il faut insister ici sur le fait que ce n'est pas le seul niveau calorique d'un régime qui permet de couvrir les besoins, mais plutôt le choix judicieux d'aliments à forte densité nutritionnelle, c'est-à-dire apportant le maximum de vitamines, minéraux ou autres oligo-éléments pour un minimum de calories.

On peut en effet imaginer des régimes à 3 000 Calories très pauvres en éléments essentiels (régimes riches en graisses, en confiseries, en sodas...) et à l'inverse des diètes à teneur calorique modérée, riches en éléments nutritifs, faisant largement appel aux produits à forte densité nutritionnelle (fruits, légumes, produits céréaliers...).

C'est pour répondre à ce besoin d'un choix qualitatif que nous préconisons pour notre part la répartition quotidienne suivante, dont la valeur de chaque portion dépendra de notre activité et de notre masse corporelle :

— 5 portions issues des fruits et légumes (crus ou cuits) ;
— 4 portions issues des produits céréaliers et féculents ;
— 3 portions issues des laitages et dérivés ;
— 2 portions protidiques (viande, poisson ou œufs).

En respectant cette règle simple chaque jour et en sachant choisir nos aliments en évitant les plus gras et en privilégiant ceux à forte densité nutritionnelle, il sera dès lors inutile de fréquenter la pharmacie et l'étalage du marché suffira.

3.2. Le suivi biologique

3.2.1. INTRODUCTION

A la lumière de notre expérience, le suivi biologique des athlètes doit être bimestriel hors saison et mensuel en période de compétition ou d'entraînement intensif. Nous classons dans cette catégorie les individus dont l'entraînement hebdomadaire atteint ou dépasse un volume de 10 à 15 heures.

Les intervalles de temps plus espacés laissent en effet le temps à une carence de s'installer et rendent sa correction ultérieure beaucoup plus aléatoire avec une perte de rendement de l'entraînement qui peut être importante. Il faut souligner ici le fait qu'une heure d'entraînement procure rarement un effet neutre : bien conduit (bonne intensité, bonne condition physiologique et biologique) l'effet sera positif, dans le cas contraire il sera négatif.

La condition physiologique, psychologique et biologique du sportif à l'entraînement va constituer une garantie d'une efficacité maximale. Ainsi non seulement un déséquilibre biologique insidieux pourra être néfaste à la santé de l'individu, mais surtout retentira immédiatement sur la validité de son entraînement et donc bien entendu sur ses performances. Les paramètres biologiques qui nous paraissent les plus utiles à surveiller régulièrement sont les suivants, en dehors bien entendu de toute pathologie spécifique ou de signe d'appel clinique justifiant des examens complémentaires :

— ionogramme ;
— hémogramme + réticulocytose (stock fonctionnel de fer et régénération érythrocytaire) ;
— urémie et uricémie (catabolisme protidique et hydratation) ;
— créatininémie ;
— protides totaux sériques ;
— magnésium plasmatique et érythrocytaire ;
— fer sérique et ferritine (stock martiaux) ;
— profil protéique avec spécification du taux d'IgG (état des défenses immunitaires).

Le bilan minimal devra porter sur le fer, le magnésium et l'hémogramme.

En effet les problèmes les plus fréquemment rencontrés concernent le fer et le magnésium. Nous devons mentionner ici l'importance qu'il y a, devant une carence biologique, à étudier l'alimentation du sujet avant de se « jeter » sur les apports médicamenteux : ceci éviterait de nombreuses supplémentations abusives.

Il ne faut cependant blâmer ni les sportifs ni les médecins mais le « système » : en effet nous sommes obligés de constater qu'une visite préventive chez un nutritionniste ou diététicien afin de mieux équilibrer son alimentation est longue et non prise en charge, alors qu'une consultation curative ultérieure avec prescription médicamenteuse coûteuse sera, elle, totalement prise en charge par les organismes sociaux.

Pour notre part, nous disons toujours aux sportifs qui nous consultent que nous préfèrons les voir fréquenter l'épicerie plutôt que la pharmacie.

Nous sommes en effet convaincus qu'en l'état actuel de nos connaissances, toutes les vitamines et les oligo-éléments peuvent être trouvés dans l'alimentation quotidienne : si certains besoins sont effectivement accrus chez le sportif, l'augmentation équilibrée de sa ration énergétique permettra la couverture de ces besoins, sauf au cours de périodes très spécifiques et à un haut niveau ou le recours à une supplémentation pourra être licite, mais toujours sur avis médical et après dosage biologique pertinent.

Comme nous allons le voir, cette implication nutritionnelle est particulièrement évidente pour le fer et le magnésium.

3.2.2. LES PARAMÈTRES BIOLOGIQUES SANGUINS DE BASE ACCESSIBLES PAR LES ANALYSES MÉDICALES

3.2.2.1. ASPECT GÉNÉRAL

Nous abordons avec ce chapitre l'essentiel de la préparation biologique.

Avant de rentrer dans le détail des divers paramètres utilisés ou utilisables pour faire bénéficier l'athlète de la meilleure préparation biologique possible, il est nécessaire de préciser sur quelles bases scientifiques et biologiques repose le raisonnement généralement utilisé en biologie du sport.

En médecine, les analyses de sang sont de plus en plus utilisées pour aider l'établissement des diagnostics. Depuis quelques années, le développement de la biologie du sport conduit à utiliser certains paramètres sanguins comme critères d'évaluation de l'état de forme ou du potentiel biologique individuel du sportif. Cette pratique a fait naître dans l'esprit de certains sujets peu avertis, médecin ou non médecin, une confusion parfois regrettable... Le sport n'a pas la vertu de mettre le pratiquant à l'abri de toutes les maladies. Par ailleurs certains types d'entraînement conduisent à des modifications de certains paramètres sanguins pouvant conduire à des erreurs d'interprétation. Cela signifie que tout résultat doit être interprété selon deux éventualités :

1 — Ce sportif est-il malade ?

2 — L'anomalie observée est-elle en rapport avec la pratique sportive du sujet ? Correspond-elle à une adaptation et non à un dérapage vers un état pathologique ?

De nouvelles règles d'interprétation du bilan sanguin souvent différentes de celles utilisées en pathologie, constituent le point de départ de toute préparation biologique adaptée. Elles se situent, dans la grande majorité des cas aux antipodes des recettes souvent non fondées ou aberrantes qui circulent dans le milieu sportif.

Au-delà des discussions de spécialistes qui animent certains congrès, nous souhaitons proposer au lecteur les règles les plus unanimement admises et utilisées, même si pour certaines d'entre elles, les explications scientifiques formelles n'ont pas encore été totalement apportées.

Une règle reste cependant commune entre la pathologie et la biologie du sport : un paramètre biologique, aussi spécifique soit-il, ne doit jamais être interprété isolément et sorti de son contexte. Chaque paramètre devra être interprété par rapport aux autres paramètres mesurés simultanément et replacé dans le contexte de l'entraînement du moment. Une dimension supplémentaire très riche en enseignement sera apportée par la comparaison de chaque valeur avec les valeurs antérieurement mesurées chez le sujet examiné ou à défaut, avec les valeurs particulières de référence établies statistiquement dans un groupe de sportifs de la discipline. Cette méthode de travail donne son vrai sens au terme de « suivi biologique ».

Parmi les dizaines de paramètres sanguins dosables dans tout laboratoire d'analyses médicales, il convient de choisir ceux qui seront les plus fidèles témoins en fonction de :

— l'âge et le sexe du sujet ;
— le volume et le contenu de son entraînement ;
— la ou les disciplines sportives pratiquées ;
— la périodicité établie ou à prévoir des examens : le contenu d'un premier bilan sera toujours plus pléthorique que les suivants.

Sauf signes d'appel particuliers, il est d'usage en France de ne recourir à ce suivi biologique systématiquement qu'à partir du moment où la pratique sportive devient régulière et où le sujet acquiert une pratique régulière de compétition. Dans certains sports où la carrière commence tôt et finit généralement tôt, comme la gymnastique, ce suivi peut débuter dès l'âge de douze ans. Pour la majorité des autres disciplines, il est habituel de débuter les premiers examens vers l'âge de quinze ou seize ans.

Bien qu'à notre connaissance aucune statistique n'ait été publiée à ce sujet, nous nous risquerons à dire, sur la base de notre expérience personnelle, que la période de plus grande fragilité biologique se situe du début de la puberté jusqu'à l'âge de vingt ans pour les catégories dames et vingt-deux ans pour les catégories hommes. Audelà, les problèmes semblent s'estomper. Plusieurs explications peuvent être proposées. Les âges critiques supérieurs proposés correspondent globalement à la fin de la maturation hormonale spontanée du sujet, qui garantit une régulation métabolique meilleure et bien adaptée du sujet à son mode de vie sportive. Certains éléments permettent de penser que la pratique sportive, par les stress physiologiques qu'elle contient, à condition qu'elle soit conduite intelligemment, favorise l'apparition d'adaptations métaboliques plus performantes. C'est un argument souvent évoqué dont la preuve est pratiquement impossible à établir. Il peut s'agir aussi du fait qu'à l'épreuve du feu de l'entraînement et de la compétition, seuls les meilleurs passent au travers des mailles de cette sélection naturelle, aidés par leur potentiel biologique génétique. Enfin le sportif apprend à mieux se connaître, notamment en ce qui concerne son hygiène générale de vie (repos, sommeil, relation, équilibre psycho-affectif...) et son équilibre nutritionnel qui sont des éléments essentiels permettant de mieux digérer les stress physiologiques ou « supraphysiologiques » parfois, imposés par des programmes actuels d'entraînement ou de compétition impensables, il y a quelques années.

Le fait est qu'au-delà de vingt-cinq ans, la plupart des problèmes ont disparu. Cependant, rares sont les individus qui ne gardent pas un ou quelques points faibles dont la négligence les rappellent souvent brutalement à la réalité. En ce qui concerne le sexe des athlètes, la légendaire fragilité de la femme par rapport à l'homme est devenue, depuis peu, une notion archaïque. De nombreuses études ont montré qu'à entraînement égal, les femmes avaient dans la plupart des sports des performances égales à celles de l'homme. Les sports où les performances diffèrent encore notoirement sont ceux où la masse musculaire et le taux d'hémoglobine constituent des éléments prépondérants de la performance.

En bref, à égalité de taux d'hémoglobine et de masse maigre, les différences disparaissent. Autrement dit, la performance féminine relative rapportée au gramme d'hémoglobine et/ou au kilogramme de muscle actif est égale, voire supérieure à celle de l'homme dans certains sports.

A première vue, la robustesse biologique de la femme apparaît égale à celle de l'homme mis à part peut-être en ce qui concerne le stockage du fer (ferritine) qui semble plus souvent déficitaire chez la femme. Des études statistiques comparatives longitudinales pourraient mettre en évidence des différences dont l'intérêt ne serait qu'épidémiologique vu que la priorité doit être accordée à l'individu demandeur plus qu'au groupe de population auquel il appartient.

L'ordre dans lequel sont présentés les paramètres utilisables ne présage en rien de leur importance qui peut varier considérablement d'un sujet à l'autre. Cet ordre a été établi en fonction des relations interprétatives qui les lient préférentiellement.

3.2.2.2. PARAMÈTRES LIÉS AU TRANSPORT DE L'OXYGÈNE :

Taux d'hémoglobine, numération des globules rouges (ou érythrocytes ou hématies), paramètres érythrocytaires, numération des réticulocytes, hématocrites, taux de ferritine.

L'interprétation de ces paramètres se fera d'abord par référence aux critères habituels utilisés en biologie clinique. Dans un second temps, les références connues relatives aux sportifs seront prises en compte. Il s'agit en particulier des éléments suivants :

3.2.2.2.1. Taux d'hémoglobine

Ce paramètre constitue une condition nécessaire quoique non suffisante pour l'obtention d'un bon transport de l'oxygène donc d'une consommation maximale d'oxygène la plus haute possible. Ceci est particulièrement important dans les sports d'endurance, mais aussi, pour une large part, dans les autres sports. En effet, l'entrainabilité, c'est-à-dire la capacité qu'a le sujet à pratiquer, à tolérer et à tirer profit de son entraînement, quel qu'il soit, passe par l'existence d'une base aérobie la plus haute possible, qui lui garantira l'acidose d'effort la plus basse et la meilleure capacité de récupération et de régénération. Une corrélation significative positive existe entre le taux d'hémoglobine, la VO_2 max et la performance. Cependant ce paramètre ne doit pas être interprété isolément.

Paradoxalement, une élévation du taux d'hémoglobine ne doit pas être interprétée précipitamment comme un progrès systématique et durable du potentiel biologique du sujet (voir schéma). De même, certaines baisses du taux d'hémoglobine cachent en fait une amélioration de la distribution d'oxygène au tissu. Tous les cas de figure existent et doivent être étudiés de façon très approfondie avant d'en déduire la conduite à tenir la mieux appropriée. Nous traiterons tout d'abord le cas où la variation du taux d'hémoglobine se produit indépendamment d'un stage d'altitude. Les modifications du taux d'hémoglobine liées aux stages en altitude seront traitées plus loin.

Chez le sportif, on peut considérer que des valeurs en dessous de 13 g chez les femmes et 14,5 g chez les hommes méritent des investigations supplémentaires et conduisent le cas échéant, à des correctifs adaptés.

Baisse du taux d'hémoglobine (p. 76)

L'interprétation à connotation favorable ou défavorable ne peut être établie qu'à condition de prendre en compte la variation d'autres paramètres tels que les paramètres fixés (cholestérol total, protides totaux), la ferritine, la numération des réticulocytes, le volume globulaire moyen (VGM). Le cholestérol et les protides totaux sont qualifiés de fixes parce qu'ils sont spontanément, à l'échelle de quelques jours ou de quelques semaines, relativement invariants chez la plupart des sujets, à condition qu'il n'existe, sur cette période, aucune modification notoire du mode d'alimentation. Dans ces conditions et avec prudence, ils pourront être utilisés comme paramètres d'évaluation de l'état d'hydratation du sujet. Une augmentation de leurs taux évoquera un déséquilibre chronique entre déshydratation et hydratation que les biologistes qualifient de balance hydrique négative (apports hydriques inférieurs aux besoins). Cette situation est en pratique beaucoup plus fréquente qu'on ne pourrait le penser. Cette situation est fréquente notamment après les stages dans lesquels la charge d'entraînement est souvent plus importante que la charge habituelle. La chaleur estivale, la sécheresse de l'air de certaines stations climatiques aggravent ce phénomène progressif de déshydratation. Une certaine tolérance avec diminution progressive paradoxale de la sensation de soif apparaît chez le sportif qui majore ce déficit (voir chapitre « déshydratation »).

A l'inverse, une diminution du taux de ces paramètres peut être interprétée comme une augmentation du volume plasmatique, donc du volume sanguin total. Cette évolution peut correspondre soit à un retour salutaire pour le sujet à un état d'hydratation normale (c'est-à-dire à une volémie normale), soit à une réelle augmentation du volume plasmatique donc de la volémie. Pour l'affirmer, il faudrait pouvoir mesurer cette volémie. Des méthodes utilisant des traceurs radioactifs existent, mais qui ne sont pas utilisables en pratique courante chez le sportif. Ces méthodes ont néanmoins permis d'établir scientifiquement que certains types d'entraînement, conduits dans un contexte hygièno-diététique idéal, pouvaient induire cette adaptation chez certains sujets. Ce mécanisme retentit favorablement sur le débit cardiaque du sujet, sur la distribution tissulaire de l'oxygène (plus de sang et sang plus fluide) améliorant la consommation maximale (VO_2 max) du sujet indépendamment des progrès provenant intrinsèquement de l'entraînement.

La ferritine et la numération des réticulocytes sont biologiquement liées. En effet, la ferritine, bien que dosée dans le sérum, constitue le témoin le plus fidèle et le plus facilement accessible, quantifiant l'état des stocks de fer de l'organisme, dont la moelle osseuse a besoin pour fabriquer les globules rouges, dont la forme jeune circulante est représentée par les réticulocytes.

Toute diminution des stocks de fer conduit, à terme, à une baisse de la production des globules rouges, donc à une anémie dite ferriprive. Dans la plupart des cas, cette carence martiale est précédée par l'apparition de problèmes musculaires entraînant une baisse de l'aptitude du sujet à s'entraîner et à « performer » dont la cause est actuellement inconnue. Il peut s'agir d'un défaut de fer au niveau des enzymes des chaines respiratoires mitochrondriales productives de l'ATP par les voies aérobies. Le fer est en effet le co-facteur métallique enzymatique de ces voies métaboliques. L'interprétation du volume globulaire moyen (VGM) est particulièrement difficile. A chaque instant, il est la résultante de nombreux paramètres tels que l'âge moyen des globules rouges, l'état d'hydratation du sujet, la disponibilité de la moelle osseuse en vitamines du groupe B, notamment en vitamines B12, dont il n'est pas certain que les apports soient suffisants chez certains sujets, en particulier chez les végétaliens. En dehors de l'hypervolémie liée à l'entraînement, les baisses du taux d'hémoglobine devront être reconnues, prises au sérieux et traitées sans délai. La modification de l'équilibre alimentaire, le recours aux thérapeutiques orales ou

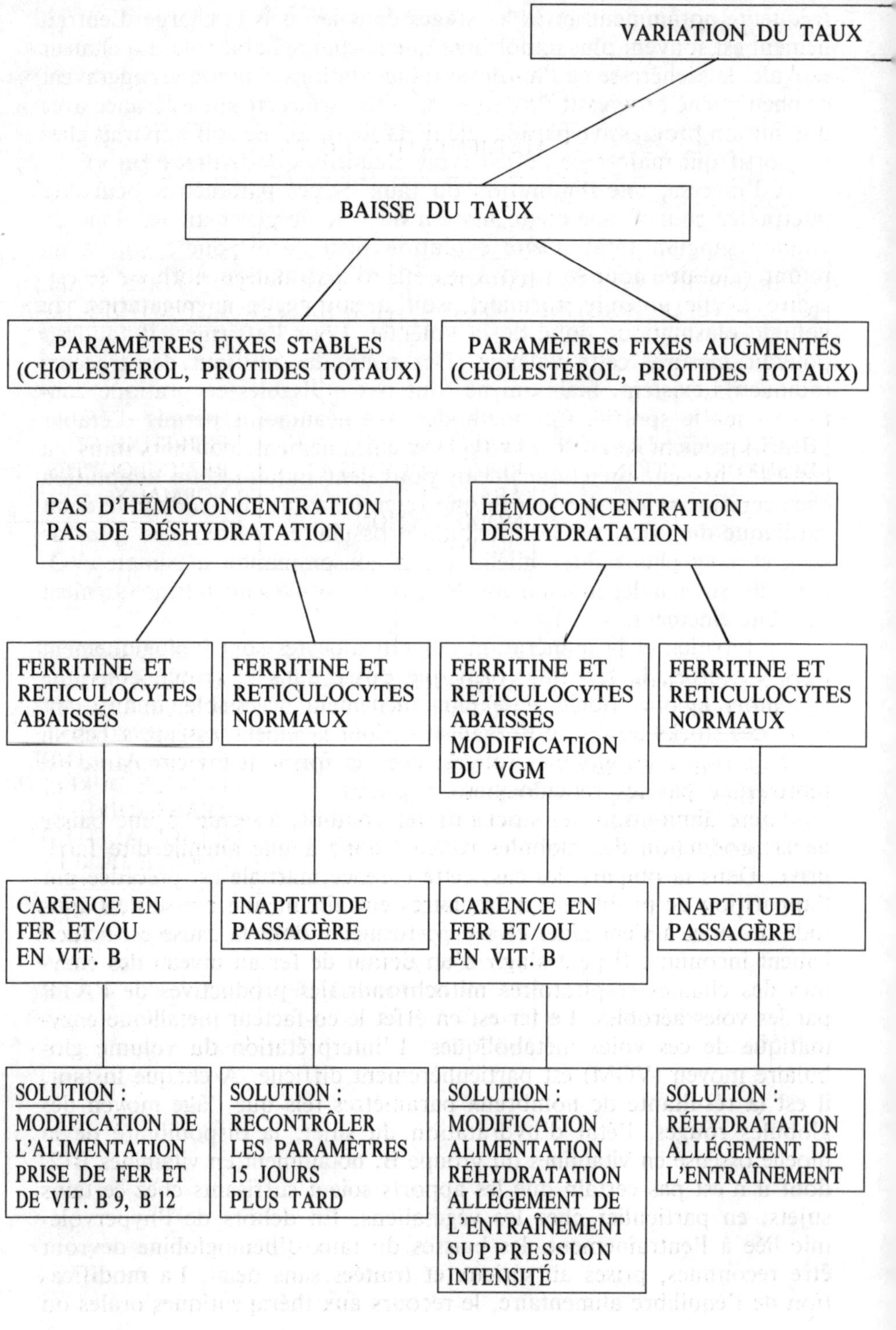
VARIATION DU TAUX
BAISSE DU TAUX
PARAMÈTRES FIXES STABLES (CHOLESTÉROL, PROTIDES TOTAUX)
PARAMÈTRES FIXES AUGMENTÉS (CHOLESTÉROL, PROTIDES TOTAUX)
PAS D'HÉMOCONCENTRATION PAS DE DÉSHYDRATATION
HÉMOCONCENTRATION DÉSHYDRATATION
FERRITINE ET RETICULOCYTES ABAISSÉS
FERRITINE ET RETICULOCYTES NORMAUX
FERRITINE ET RETICULOCYTES ABAISSÉS MODIFICATION DU VGM
FERRITINE ET RETICULOCYTES NORMAUX
CARENCE EN FER ET/OU EN VIT. B
INAPTITUDE PASSAGÈRE
CARENCE EN FER ET/OU EN VIT. B
INAPTITUDE PASSAGÈRE
SOLUTION : MODIFICATION DE L'ALIMENTATION PRISE DE FER ET DE VIT. B 9, B 12
SOLUTION : RECONTRÔLER LES PARAMÈTRES 15 JOURS PLUS TARD
SOLUTION : MODIFICATION ALIMENTATION RÉHYDRATATION ALLÉGEMENT DE L'ENTRAÎNEMENT SUPPRESSION INTENSITÉ
SOLUTION : RÉHYDRATATION ALLÉGEMENT DE L'ENTRAÎNEMENT

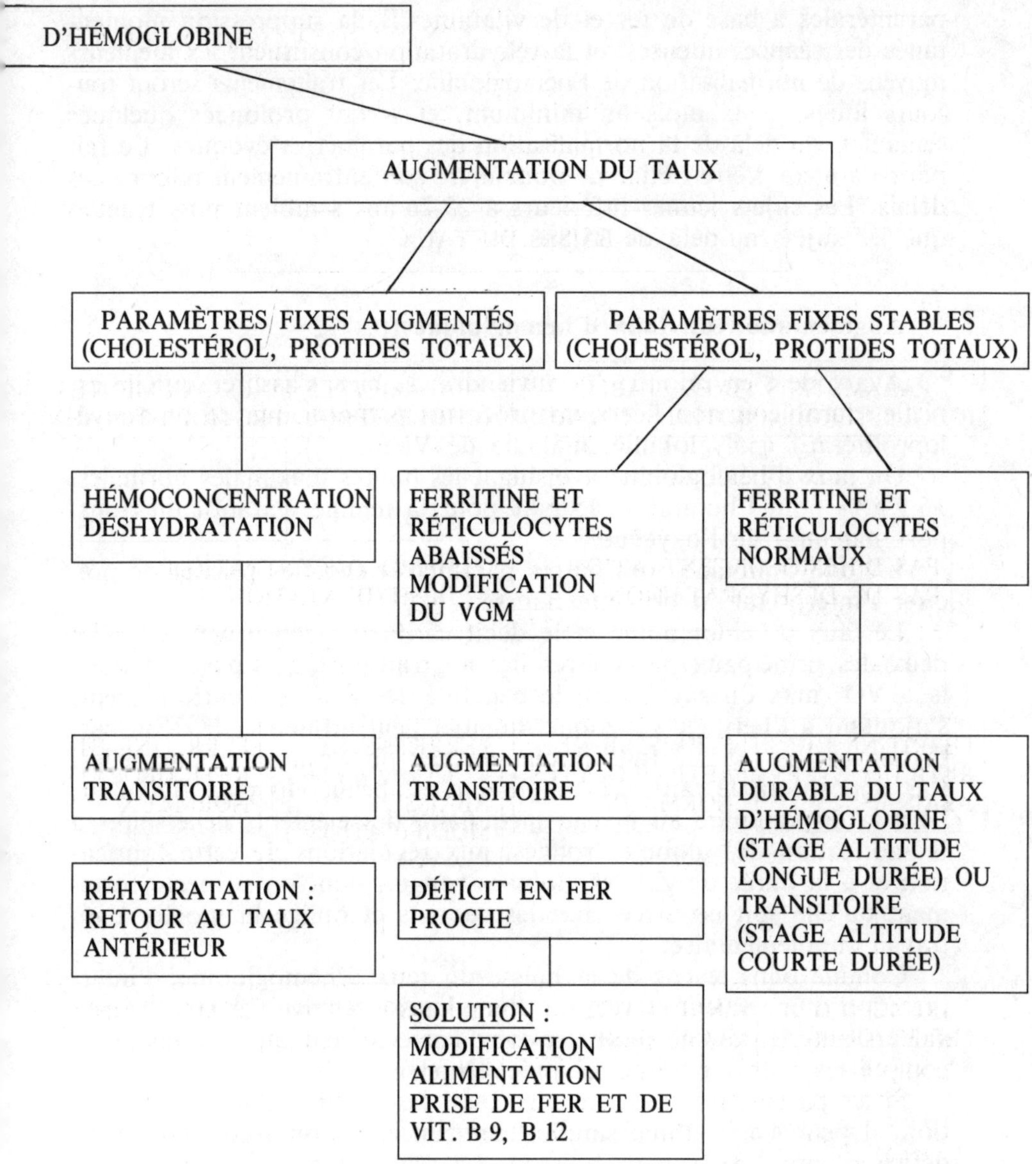
D'HÉMOGLOBINE
AUGMENTATION DU TAUX
PARAMÈTRES FIXES AUGMENTÉS (CHOLESTÉROL, PROTIDES TOTAUX)
PARAMÈTRES FIXES STABLES (CHOLESTÉROL, PROTIDES TOTAUX)
HÉMOCONCENTRATION DÉSHYDRATATION
FERRITINE ET RÉTICULOCYTES ABAISSÉS MODIFICATION DU VGM
FERRITINE ET RÉTICULOCYTES NORMAUX
AUGMENTATION TRANSITOIRE
AUGMENTATION TRANSITOIRE
AUGMENTATION DURABLE DU TAUX D'HÉMOGLOBINE (STAGE ALTITUDE LONGUE DURÉE) OU TRANSITOIRE (STAGE ALTITUDE COURTE DURÉE)
RÉHYDRATATION : RETOUR AU TAUX ANTÉRIEUR
DÉFICIT EN FER PROCHE
SOLUTION : MODIFICATION ALIMENTATION PRISE DE FER ET DE VIT. B 9, B 12

parentérales à base de fer et de vitamines B, la suppression momentanée des séances intenses, et la réhydratation constituent les meilleurs moyens de normalisation de l'hémoglobine. Les traitements seront toujours longs, deux mois au minimum, et seront prolongés quelques semaines, au-delà de la normalisation des paramètres évoqués. Le fait pour l'athlète d'être obligé de poursuivre son entraînement allonge ces délais. Les sujets jeunes inférieurs à 25-26 ans semblent plus fragiles que les sujets au-delà de 25 ans.

Augmentation du taux d'hémoglobine (p. 77)

Avant de s'en réjouir, il conviendra de bien s'assurer qu'elle est réelle, durable et non liée à un processus pathologique de type myéloprolifératif (polyglobulie, maladie de Vaquez...).

Un taux d'hémoglobine avoisinant les limites maximales normales, 16,5 g % pour l'homme et 15 g % pour la femme, garantit un transport maximal de l'oxygène.

L'étude simultanée des autres paramètres évoqués permet de préciser l'interprétation de cette hausse.

Le taux d'hémoglobine et le débit cardiaque constituent en effet deux des principaux paramètres liés au transport de l'oxygène donc à la VO_2 max du sujet. Seul le bénéfice des années d'entraînement, s'ajoutant à l'héritage génétique du sujet peut influencer le débit cardiaque qui est, de ce fait, l'objet de peu de variations ponctuelles. Par opposition, le taux d'hémoglobine est beaucoup plus fluctuant, lié à la disponibilité au niveau médullaire des éléments nécessaires à la fabrication des globules rouges, aux régulations de cette fabrication et à la durée de vie des globules rouges, dont on suspecte fortement qu'elle soit écourtée chez les sportifs et oblige la moelle à un travail supplémentaire.

Comme dans le cas de la baisse du taux d'hémoglobine, l'interprétation d'une valeur élevée, ou d'une hausse relative par rapport aux valeurs antérieures, ne peut être faite correctement qu'en prenant en compte les autres paramètres précédemment cités.

Si les paramètres fixes ont eux aussi fait l'objet d'une augmentation, il peut s'agir d'une simple hémoconcentration secondaire à un déficit d'apport en eau de boisson. La réhydratation ramenera rapidement le taux aux valeurs initiales.

Si les paramètres fixes sont restés stables ou ont diminué, cela élimine l'hypothèse d'une augmentation liée à la déshydratation mais ouvre vers d'autres explications et vers d'autres pronostics concernant la persistance de cette augmentation. Si la ferritine et la réticulocytose sont basses, associées ou non des variations de VGM, cela signifie qu'une stimulation médullaire a eu lieu : stage en altitude, modification de l'entraînement à type d'incorporation d'une plus grande proportion d'intensité, compétition ayant entraîné une destruction importante des globules rouges... Dans ce cas, l'élévation ne sera que transitoire et précède en fait une chute du taux d'hémoglobine préjudiciable à l'entraînabilité et aux performances du sujet. A ce stade le sportif ressent déjà certains problèmes musculaires dont la caractéristique principale est la baisse de la capacité de travail dans le domaine des puissances submaximales ou maximales comme les entraînements « en intervalle ». Une correction rapide du stock de fer est nécessaire pour éviter cet écueil. Elle nécessite l'utilisation de la voie parentérale. Un traitement de recharge standard de cinq à six semaines est en général suffisant, surtout si des correctifs alimentaires sont simultanément apportés.

Si la ferritine est élevée et la réticulocytose normale, cela signifie que l'augmentation est bien réelle et, *a priori*, durable. Cette situation constitue le cas le plus favorable s'il n'existe pas d'autres anomalies concernant d'autres paramètres du bilan.

3.2.2.2.2. Numération des globules rouges ou érythrocytes. Paramètres globulaires.

Ces paramètres appartiennent classiquement à l'hémogramme dont ils permettent d'affiner l'interprétation en complément de ce qui a été dit précédemment. Il sortirait du cadre de cet ouvrage de les aborder individuellement. Précisons pour simplifier que chez le sportif, ces paramètres doivent se situer dans la fourchette des normales fournies par le laboratoire. S'ils s'en écartent, un avis spécialisé est souhaitable.

3.2.2.3. NUMÉRATION DES GLOBULES BLANCS OU LEUCOCYTES ET FORMULE LEUCOCYTAIRE

Ces paramètres sont souvent l'objet de modifications chez le sportif qui ne doivent pas être trop précipitamment interprétés comme révélatrices ou annonciatrices d'un état pathologique. Il serait également abusif de les considérer systématiquement comme normales parce qu'il s'agit d'un sujet sportif.

Sans établir ici des règles générales, valables en toutes circonstances, il est possible d'évoquer les variations les plus souvent observées qui sont liées à l'entraînement ou à la répétition des compétitions. Sur la numération leucocytaire, ces deux situations ont généralement des effets opposés : l'accumulation des heures d'entraînement au fil des semaines et des mois conduit généralement à une diminution de la production médullaire des leucocytes et/ou à une augmentation de la marginalisation de ceux-ci. Il en résulte donc une diminution des leucocytes mesurés dans le torrent sanguin. Pour certains, ce phénomène pourrait être du à un détournement de la production médullaire, au profit des hématies, par accélération de la boucle de régulation de l'érythropoïèse (destruction périphérique des globules rouges entraînant une stimulation médullaire par l'érythropoiètine). Ce phénomène pourrait lui-même constituer un volet d'un effet plus général immuno-suppresseur de l'activité physique cumulée observable au niveau du taux des anticorps circulants. Cette baisse du nombre des leucocytes est particulièrement observable pendant l'été et l'automne du fait que la baisse annuelle, qui intervient spontanément dans toute la population à cette période, s'ajoute à celle-ci. Par opposition, le stress physiologique des compétitions répétées tend à faire augmenter le taux circulant des leucocytes surtout s'il s'agit d'activités physiques prolongées au cours desquelles le sujet atteint régulièrement ses limites physiologiques. Le taux de leucocytes résulte donc de ces deux phénomènes opposés et se situe, pour cette raison, le plus souvent dans les valeurs normales moyennes ou normales basses en dehors des périodes d'entraînements intensifs ou de compétitions et dans les valeurs normales moyennes ou normales hautes en période de compétitions ou d'entraînements intenses et prolongés. Comme pour le reste de la population, toute infection intercurrente pourra créer une augmentation des leucocytes plus ou moins importante et prolongée en fonction de la localisation de l'infection, de la nature du germe qui reste le plus souvent méconnue et de l'efficacité du traitement anti-infectieux. Dans la pratique, il est très fréquent d'observer l'enchaînement suivant bien connu de certains sportifs : après quelques mois d'entraînement régulier et bien programmé, le sujet se sent en bonne forme. Une analyse de sang montre régulièrement en général un taux de leucocytes faible. Très souvent une infection banale classiquement à porte d'entrée oto-rhino-laryngologique se déclare, peut-être liée à un état acquis d'immuno-suppresseur partiel (« c'est toujours comme ça quand j'arrive en forme »). Le sujet doit arrêter ou ralentir son entraînement ou son programme de compétition. Le nombre des leucocytes remontent plus ou moins vite selon le type d'infection et le traitement. Nous envisagerons dans les moyens à la disposition du sportif ceux qui permettent d'échapper à cet enchaînement préjudiciable qui ne doit pas être considéré comme une fatalité.

La « formule sanguine » qui indique les pourcentages respectifs des divers leucocytes est également très souvent affectée par la pratique sportive. L'anomalie la plus souvent rencontrée dans ce domaine est l'augmentation du pourcentage des lymphocytes qui, lorsqu'il dépasse celui des polynucléaires neutrophiles, est appelé « inversion de formule ». L'emploi de cette expression est le plus souvent abusif puisqu'elle n'est applicable que lorsque le taux de leucocytes est réellement élevé. Ceci est vu généralement pendant ou après les infections présumées virales. En règle générale, en dehors d'un contexte infectieux, l'augmentation isolée du pourcentage des lymphocytes s'appliquant à un nombre de leucocytes normal, n'a rien d'alarmant. Il est le simple témoin de l'accumulation des séances d'entraînement. Elle peut toutefois rentrer dans le cadre des indices de surentraînement si elle est associée à d'autres signes tels qu'une augmentation de la vitesse de sédimentation, un syndrome inflammatoire visible sur l'électrophorèse des protéines, une hypogammaglobulinémie visible sur l'électrophorèse des protéines, une hypomagnésémie érythrocytaire...

La deuxième anomalie la plus fréquemment rencontrée est l'augmentation du pourcentage des polynucléaires éosinophiles. L'interprétation dépend du nombre total de leucocytes sur lequel ce pourcentage s'applique, du caractère biologique plus ou moins atopique du sujet (tendance constitutionnelle ou héréditaire à présenter des réactions d'hypersensibilité immédiate, asthme allergique ou rhume des foins ou d'autres réactions allergiques à des allergènes qui ne provoquent aucune réaction chez les sujets normaux), du type d'alimentation et du volume d'activité physique. Une fois, la possibilité d'une allergie éliminée, reste l'éventualité d'une cause parasitaire. Dans ce cas, le pourcentage de polynucléaires éosinophiles et leur nombre absolu est souvent très élevé et d'apparition brutale. Ce type d'infection n'a rien d'exceptionnel surtout chez les sportifs gros consommateurs de produits frais. La possible baisse de l'immunité générale, qui concerne probablement de très nombreux sportifs, facilite sans doute le développement des parasites autochtones habituels. La recherche des parasites ou de leurs œufs dans les selles est délicate, contraignante et aléatoire. Les signes sont souvent non spécifiques (troubles digestifs, sensation d'asthénie musculaire, discrète hyperthermie intermittente, prurit anal...). Le traitement d'épreuve par un antiparasitaire à large spectre permet dans une majorité de cas un retour à la normale. En dehors des explications apportées, l'activité physique elle-même, lorsqu'elle est répétée et soutenue, pourrait être intrinsèquement responsable d'une discrète éosinophilie se situant aux environs de 5 %.

3.2.2.4. LE FER (FER SÉRIQUE, FERRITINE)

3.2.2.4.1. Aspect général

Le fer constitue avec le magnésium un élément minéral essentiel pour le sportif. Ce sont de véritables métaux-nutriments.

En effet, des quelques grammes de fer que contient l'organisme (de 50 mg/kg chez l'homme à 35 mg/kg chez la femme), les 2/3 constituent l'atome central de la molécule d'hémoglobine (c'est dire si cet élément est impliqué dans la disponibilité en oxygène des cellules musculaires au travail). Seulement 3 mg sur 3 500 circulent au niveau plasmatique portés par la transferrine. Une infime partie se trouve au niveau de la myoglobine musculaire. Le reste, soit environ 1 g chez l'homme, constitue le stock de fer mobilisable sous forme de ferritine.

Cette situation « clé » du fer au sein de la molécule d'hémoglobine chargée du transport de l'oxygène explique l'attention particulière que doit lui porter tout sportif. Du fait même de ce rôle essentiel, l'organisme est très épargnant avec son fer : ainsi lors de la destruction des globules rouges à 120 jours, le fer contenu est reconditionné et peut être réutilisé, limitant les pertes au maximum.

Ces pertes sont d'ailleurs faibles, voisines de 1 mg par jour pour l'homme et un peu plus pour la femme, du fait des pertes dues à la menstruation.

Ainsi les apports recommandés s'établissent entre 10 mg par jour pour l'homme et 15 mg pour la femme en période d'activité génitale, avec un facteur de majoration de 50 % pour la population sportive.

En fait le problème se pose plus en terme qualitatif que quantitatif : en effet ce n'est pas tant la quantité de fer présente à l'intérieur d'un aliment qui est importante, mais bien sa biodisponibilité, c'est-à-dire le pourcentage de fer qui sera réellement absorbé, qui dépend elle-même de quatre facteurs :

— la teneur de l'aliment ;
— la nature du sel de fer ;
— l'action des autres aliments ;
— le niveau des stocks de l'organisme.

Ceci explique que les apports conseillés soient très supérieurs aux pertes. Comme pour le magnésium, une enquête alimentaire soigneuse doit précéder toute supplémentation médicamenteuse, parfois abusive. Si celle-ci s'avère nécessaire, elle ne devra se faire que sous contrôle médical.

Nous venons de voir que le taux d'absorption du fer était soumis à plusieurs conditions. Dans l'alimentation, le fer se présente sous deux formes :

— le fer héminique au sein des produits d'origine animale ;
— le fer non héminique essentiellement dans le règne végétal.

Le fer héminique a le double avantage d'un taux d'absorption très supérieur à celui du fer non héminique et en plus de teneurs élevées dans les produits animaux.

Cet aspect devra être pris en considération lors de l'analyse alimentaire.

Chez l'individu sportif on peut rencontrer deux types différents de carence martiale :

— soit la véritable anémie du sportif qui survient pour des charges d'entraînement élevées (supérieures à 500 heures par an) et dont les étiologies semblent multiples et discutées, et qui, en principe, ne comporte pas de carence nutritionnelle en fer ;

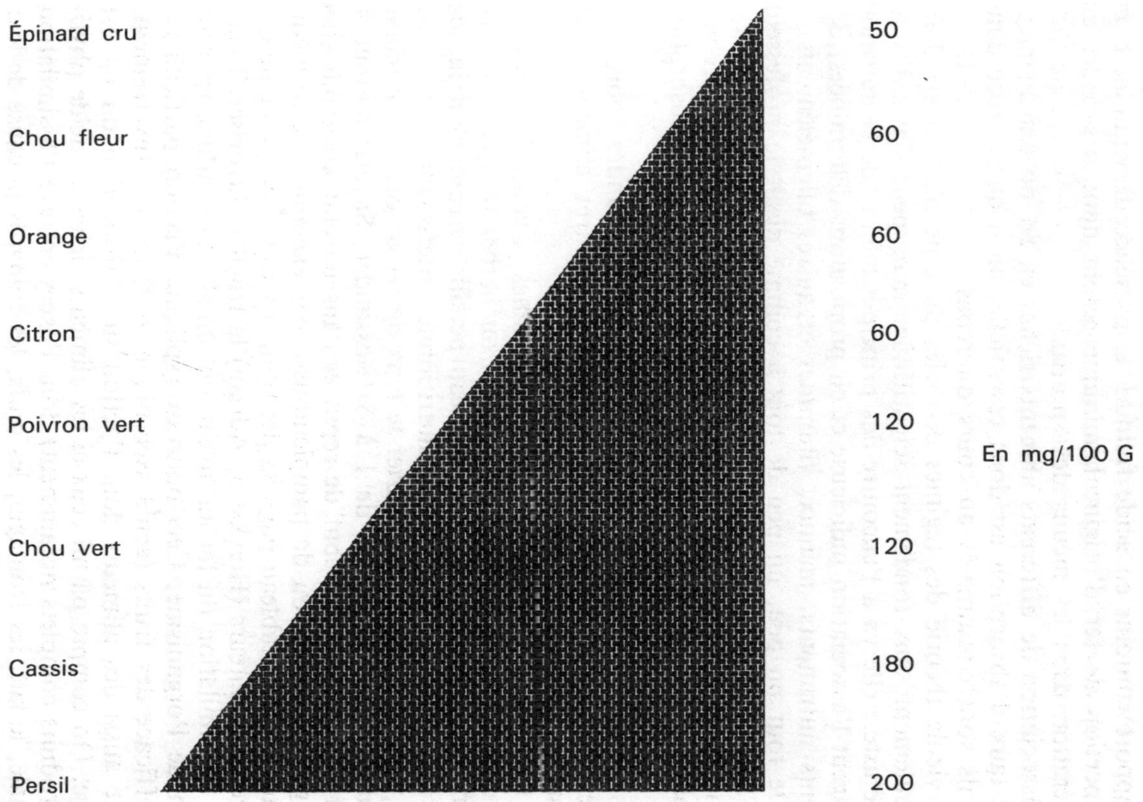

APPORTS EN VITAMINE C

— enfin un déficit martial par carence d'apports en fer ou en éléments nécessaires à son assimilation (vitamines C, B9 et B12 notamment). Celui-ci induit alors une anémie nutritionnelle classique.

Il est évident que les deux causes peuvent être associées et constituent même un cas fréquemment rencontré dans le milieu sportif.

L'apport conjoint en acide folique, la présence de vitamine C et la proportion de fer d'origine héminique seront donc à prendre en considération dans les menus des sportifs.

L'association de différents aliments riches en fer ou qui augmentent le taux d'absorption est donc essentielle, ainsi que l'ordre dans lequel ils sont consommés au cours du repas.

La vieille théorie des régimes dissociés du type Shelton est donc non seulement sans fondement scientifique, mais peut s'avérer souvent néfaste ; elle va à l'encontre des principes mêmes de la nutrition qui exigent l'association judicieuse et en proportions déterminées, des différents nutriments, métaux, vitamines et autres oligo-éléments.

« De tout un peu, un peu de tout » comme disait le professeur A-F CREFF.

Ainsi déconseiller de manger les féculents avec la viande alors que l'on sait que les hydrates de carbone améliorent le taux d'absorption du fer est vivement contestable.

Ces aliments riches en fer héminique (abats, viandes, poissons, volailles) ont tout intérêt à être associés à d'autres aliments dont l'action positive est reconnue :

— fruits et légumes (notamment les agrumes pour leur richesse en acide ascorbique) et certains condiments ou herbes tel que le persil.

L'intérêt culinaire d'un foie de veau persillé, arrosé d'un jus de citron apparaît ici sous un jour nutritionnel intéressant.

La vitamine C peut faire varier le taux de fer absorbé d'un même repas dans des proportions de 1 à 6 (Rossander, Sayers) surtout si elle est consommée en début de repas et dans un état assez pur (jus d'orange, de tomate ou de pamplemousse par exemple), voire médicamenteux. (Voir tableau page 83 des aliments riches en vitamine C). Pour certains auteurs (Hœckstra, Adrian) le fructose favoriserait également l'assimilation du fer au niveau intestinal, ainsi qu'une épargne au sein de l'organisme. Ceci pourrait expliquer l'action particulièrement efficace des fruits (acide ascorbique + fructose). Inversement, il existe aussi des aliments dont l'action sur l'absorption du fer est négative. On compte parmi ceux-ci les aliments riches en acide phytique (produits complets notamment) dont l'excès entrave l'assimilation intestinale, le lait, les fromages, les œufs, les épinards (à cause de leur teneur élevée en acide oxalique) et également les boissons à forte teneur en tanins (thé).

Une conséquence pratique est de ne jamais commencer son petit déjeuner par un thé, mais plutôt par un jus de fruit, et en tous cas de lui ajouter du citron si possible (vitamine C). Par ailleurs, l'aspect

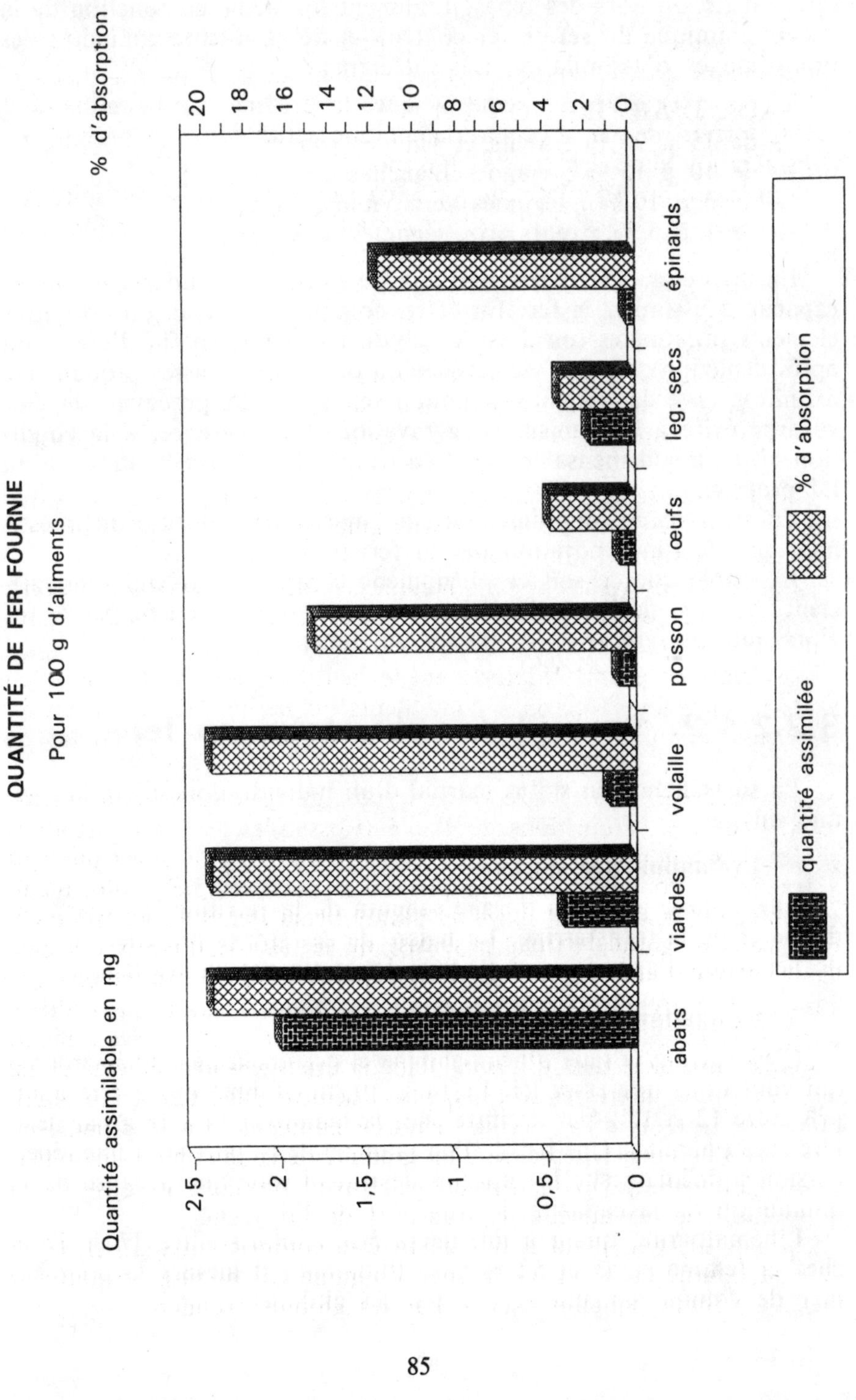
QUANTITÉ DE FER FOURNIE
Pour 100 g d'aliments
Quantité assimilable en mg
% d'absorption
2,5
2
1,5
1
0,5
0
20
18
16
14
12
10
8
6
4
2
0
abats
viandes
volaille
poisson
œufs
leg. secs
épinards
quantité assimilée
% d'absorption

intéressant du thé, notamment pour son apport en fluor ne doit pas l'exclure de nos habitudes, mais seulement en limiter l'usage et le préférer en fin ou hors des repas. L'aliment lui-même en fonction de la nature chimique du sel de fer contenu et de sa texture connaîtra des pourcentages d'assimilation très différents :

TAUX D'ABSORPTION EN % :
- de 15 à 20 % : abats et viandes rouges ;
- de 10 à 15 % : viandes blanches et poissons ;
- de 5 à 10 % : légumes verts, maïs, soja ;
- de 1 à 5 % : œufs, riz, légumes secs.

Enfin, l'état des stocks martiaux de l'organisme intervient sur sa capacité à assimiler le fer. En effet, comme pour beaucoup d'autres éléments organiques (on a vu le cas du glycogène en fin d'effort ou après déplétion), un état de carence ou de réserves basses produit une affinité accrue de l'organisme pour fixer le fer. Ce processus de sauvegarde évite à l'organisme l'aggravation de la carence, à la condition bien sûr indispensable, qu'il en trouve dans l'alimentation qu'on lui propose.

Le phénomène joue aussi bien au niveau de l'absorption intestinale que de l'incorporation par la ferritine et la transferrine.

Il semble que ce soit ce phénomène compensatoire qui soit déficient au cours de l'anémie vraie du sportif, qui ne retient pas le fer alors que ses réserves sont basses ou nulles.

3.2.2.4.2. Surveillance du statut en fer

La surveillance du statut martial d'un individu doit suivre la logique suivante :

— **Évaluation des stocks :**

Elle s'opère grâce au dosage sanguin de la ferritine, de l'hémosidérine et de la transferrine. La baisse de ces stocks précède toujours de beaucoup l'anémie et doit donc jouer un rôle d'avertisseur.

— **Évaluation du stock « fonctionnel » :**

C'est surtout le taux d'hémoglobine et éventuellement l'hématocrite qui vont nous intéresser ici. Le taux d'hémoglobine devra être compris entre 12 et 16 g par décilitre chez la femme et 14 à 18 g par décilitre chez l'homme. Une baisse d'un gramme de ce taux aura une répercussion immédiate sur la capacité de travail physique à cause de la diminution de la capacité de transport de l'oxygène.

L'hématocrite, quant à lui, devra être compris entre 37 et 47 % chez la femme et 45 et 52 % chez l'homme ; il mesure le pourcentage de volume sanguin occupé par les globules rouges.

Le fer serique est un mauvais reflet de l'état martial, car très tardif, et on peut même voir une augmentation transitoire conjointement à une baisse de la ferritine lors d'apports alimentaires insuffisants.

— Contrôle des apports nutritionnels :

Tout signe d'appel ou fatigue inexpliquée impose un enregistrement hebdomadaire de l'alimentation du sujet. L'analyse devra prendre en compte, bien sûr la qualité des apports, mais aussi l'ordre de consommation au cours du repas et l'existence d'associations positives ou négatives.

— Traitement d'une déficience en fer :

Deux principes devront être respectés :

• aucun traitement ne devra être entrepris sans dosage biologique préalable et sans avis médical ;

• tout traitement médicamenteux sera associé à une prescription diététique soigneuse.

La diététique appliquera les règles mentionnées précédemment et veillera donc aux apports en vitamine C, en acide folique et en fer héminique.

L'équilibre alimentaire devra donc inclure les éléments suivants :

• 2 portions de 100 à 120 g par jour de viande ou poisson avec la consommation d'un abat (foie si possible) une fois par semaine ;

• commencer les repas par un fruit cru ou une crudité assaisonnée au citron ;

• consommation de lentilles 1 à 2 fois par semaine ;

• consommation quotidienne de légumes (en privilégiant les légumes à feuilles, riches en acide folique) ;

• une cuillère de levure de bière par jour peut être ajoutée à une salade ou à un potage.

Quand un déficit biologiquement mis en évidence existe, le recours à une supplémentation pharmacologique semble logique et plusieurs études à ce jour montrent son bien-fondé quant à l'amélioration de la performance (Ohira, Schœne). Inversement si le déficit n'existe pas, la supplémentation est sans effet sur la performance et ne doit donc pas être considérée par les sportifs comme une méthode de dopage.

Dans le même ordre d'idée, on peut souligner que toute supplémentation vitaminique abusive ne pourra qu'enrichir les urines ou créer une surcharge en fonction de la vitamine considérée, mais en aucun cas améliorer le statut ou la performance : les vitamines agissent en effet comme cofacteurs des réactions métaboliques et leur présence est indispensable au déroulement de la réaction, mais leur excès n'améliore en rien la cinétique de cette réaction.

Plusieurs critères rendront cette supplémentation en fer efficace :

- elle doit être menée à long terme (1 à 3 mois suivant le déficit initial et la réponse au régime) ;
- le repos sportif doit lui être associé au début de la cure ;
- il faut utiliser un sel ferreux ;
- la dose quotidienne doit être supérieure à 50 mg par jour (de 80 à 100 mg) prise le matin à jeun avec un jus de fruit ou d'agrume ;
- l'association aux vitamines C et B9 est bénéfique.

3.2.2.5. EFFETS DES ALIMENTS SUR LA RÉGULATION ACIDO-BASIQUE

Les aliments que nous ingérons ne sont jamais ou rarement neutres et vont donc influer au cours de la digestion sur le pH sanguin normalement régulé autour de la valeur de 7,40. La sollicitation de mécanismes régulateurs complexes permet le retour à l'équilibre.

Il paraît donc évident qu'une alimentation équilibrée et harmonieuse doit épargner au maximum les mécanismes régulateurs. Ceci est surtout vrai pour l'acidose, car notre réserve en alcali (les bicarbonates) n'est pas infinie.

Le consensus actuel préconise une alimentation fournissant 60 % de produits alcanilisants et 40 % d'acidifiants (Dutot).

Les aliments « alcalins » sont ceux qui, après transformation dans l'organisme, vont laisser un résidu alcalin et donc auront tendance à augmenter le pH. Inversement les aliments dits acides auront tendance à abaisser ce même pH.

ACIDIFIANTS :	ALCALINISANTS :
fruits : agrumes surtout (citron, orange), tomate, pamplemousse, prune, cerise, groseille, airelle, fruit vert, arachide, cacahuète	tous les légumes non mentionnés à côté
fromages : comté, livarot, cantal	fruits secs : noisette, amande (sauf pêche, abricot)
sucre : bonbons, confitures, sodas, patisserie	fruits mûrs : melon
poissons, viandes, œufs	laitages : lait, yaourt
épices, vinaigre, moutarde	légumes : pomme de terre, légumes secs
légumes : cresson, poivre, bette, épinard, oseille, rhubarbe	eaux bicarbonatées

Il faut savoir que les enzymes digestives, mais aussi celles qui fonctionnent au niveau musculaire sont très sensibles à ce facteur pH et que leur activité en dépendra directement.

Comme on sait que l'activité physique est génératrice d'acidose (surtout si elle est pratiquée en intensité), il sera important de respecter un équilibre acido-basique alimentaire adéquat, en veillant surtout à limiter les apports acidifiants, avant l'effort notamment, et en favorisant la consommation de produits alcalinisants en cours d'effort ou en post-exercice (substances pouvant jouer le rôle de tampons sur l'acidose d'effort).

3.2.2.6. LE MAGNÉSIUM

3.2.2.6.1. Aspect général

La question qui se pose est double : l'exercice accroît-il les besoins magnésiques et la supplémentation permet-elle une amélioration de la performance ?

Nous disposons actuellement d'études assez nombreuses permettant d'envisager objectivement ces questions. La plupart des études réalisées sur des animaux (Wolter ; Lowney ; Laries) mettent en évidence une baisse de la magnésémie lors d'efforts en endurance ; ceci pourrait être dû à un simple changement de compartiment (du compartiment sanguin par exemple vers le compartiment cellulaire) en fonction des besoins, sans forcément indiquer une surconsommation liée à l'exercice. Toutefois la restauration des stocks à la fin des épreuves semble toujours incomplète. De même, l'analyse des effets sur la performance montre de façon constante une baisse de l'endurance chez des animaux volontairement carencés par un apport alimentaire déficient (Hirneth et Olassen). Ce qui ne veut en aucun cas dire qu'une supplémentation chez un sujet non déficient connaîtra un effet positif. Le déficit porte non seulement sur la magnésémie plasmatique mais également sur la teneur en magnésium des globules rouges comme si ceux-ci perdaient leur capital magnésique en cas d'exercices intenses. Ainsi, des modifications de fluidité membranaire et des modifications des membranes mitochondriales peuvent être rapprochées d'un certain nombre des effets notés (Rayssiguier). Étant donné l'implication du magnésium dans les métabolismes glucidique et lipidique, on conçoit d'autre part que le métabolisme de ces substrats énergétiques puisse être perturbé.

Chez l'homme, l'influence de l'entraînement intense sur les deux paramètres à notre disposition, magnésium plasmatique et érythrocytaire, a également pu être mis en évidence. On ne devra cependant jamais oublier, avant d'adopter une attitude pratique, que 99 % du capital magnésium de l'organisme est intracellulaire, et donc que le reflet sanguin que nous obtenons est très partiel.

Ainsi les épreuves sous-maximales de longue durée s'accompagnent d'une hypomagnésémie contrairement à ce qui se passe pour deux autres ions, le sodium et le potassium dont la concentration augmente par déshydratation et hémoconcentration (Lacom).

Inversement des exercices courts et intenses provoquent une hypermagnésémie vraisemblablement due à un relargage cellulaire (Joborn). Les études concernant le magnésium érythrocytaire sont, elles, divergentes des baisses et des augmentations ayant été notifiées. Une absence de méthodologie suffisamment rigoureuse explique sans doute ce constat. Une étude récente dans un sport d'endurance long (marathon) menée avec rigueur méthodologique, observe une diminution concomitante du magnésium érythrocytaire avec le magnésium plasmatique (Lijnen).

Il semblerait actuellement que la baisse de magnésium érythrocytaire serait d'autant plus sensible qu'un état de carence préexisterait (Rayssiguier).

En tout cas, le magnésium peut influer, ou vice-versa, sur l'exercice, tant par son rôle biochimique (cofacteur de réactions enzymatiques du métabolisme énergétique), que physiologique (excitabilité neuromusculaire, protecteur des troubles du rythme cardiaque).

3.2.2.6.2. La physiologie du magnésium

Le magnésium est un métal alcalino-terreux qui représente le cation le plus important du secteur intracellulaire après le potassium. Cette localisation intracellulaire explique les difficultés que l'on rencontre : son exploration intracellulaire n'est pas possible et les autres dosages ne peuvent constituer qu'un reflet très imparfait de l'état des stocks de l'organisme.

En effet une mobilisation à partir des réserves peut rendre la magnésémie normale même en cas de carence d'apports ; inversement, un taux sanguin élevé peut signifier une mobilisation accrue des réserves par carence.

L'ion magnésium, Mg^{++} est très impliqué dans la perméabilité membranaire (cellulaire et intramitochondriale), les systèmes du métabolisme énergétique et au niveau de l'excitabilité neuromusculaire ; plus de 300 enzymes peuvent avoir le magnésium comme cofacteur. Cette implication au niveau du métabolisme énergétique connaît même une traduction histologique, puisqu'en cas de carence magnésienne, le nombre de mitochrondries dans les cellules baisse et le contenu de celles-ci en magnésium également. L'état de la magnésémie ne semble pas influencer le taux d'absorption intestinale du magnésium qui est, par contre, très dépendant de la quantité totale du magnésium ingérée. L'absorption qui se fait au niveau du jejunum et de l'iléon est variable, d'autre part, en fonction du sel de magnésium et des autres minéraux de même charge ionique qui lui sont associés ; ainsi c'est sous la forme de lactate de magnésium que celui-ci semble le mieux absorbé.

Le calcium et le phosphore connaissent une compétition avec le magnésium au niveau de leur absorption. Inversement, certains éléments favorisent cette absorption comme le lactose, le fluor, la vitamine D, la richesse du régime en protéines. Ainsi les régimes carencés en produits riches en protéines exposent à un déficit en magnésium et en fer. Le raffinage excessif des produits céréaliers diminue leur teneur en magnésium mais, inversement une importante quantité d'aliments complets gène l'absorption du magnésium par réaction avec les phytates. Le taux moyen d'absorption se situe ainsi autour de 30 % de la valeur ingérée. Contrastant avec la stabilité de la magnésémie, l'élimination urinaire est très variable de 50 à 300 mg/jour, en fonction des apports, de l'activité physique, des teneurs glucidique et protidique du régime.

La magnésurie semble en effet augmenter avec la glycémie.

Il faut aussi souligner que malgré une régulation possible au niveau d'une réabsorption rénale, une magnésurie minimale est obligatoire quels que soient les apports en magnésium, et le bilan, pour le magnésium, devient alors négatif.

En fonction de l'activité physique, l'excrétion urinaire est également modifée : ainsi elle est augmentée à la fin d'exercices courts et intenses (en anérobiose) proportionnellement à la valeur de la lactatémie (Deuster). Au contraire, si l'excrétion se voit diminuer pendant une épreuve en aérobie stricte longue, elle réaugmente également en phase de récupération (Lijnen), Les modifications urinaires pourraient être le reflet des variations des taux de magnésémie pendant et après l'effort en fonction de la mobilisation des stocks et des échanges ioniques entre secteur intra et extracellulaire.

Ainsi, rien ne permet aujourd'hui d'affirmer que les pertes rénales soient à l'origine des besoins accrus en magnésium du sportif.

Les pertes sudorales quand à elles varient de 6 à 60 mg par litre de sueur (Costill ; Beller) et ne peuvent non plus expliquer les baisses de magnésium enregistrées, même si cette déperdition doit être prise en compte notamment au niveau de la recharge (Durlach).

3.2.2.6.3. Magnésium et diététique

C'est le point pratique qu'il nous semble le plus intéressant à développer. En effet, si les hypothèses restent nombreuses et encore à approfondir à propos du devenir et de la consommation du magnésium dans l'organisme, une chose apparaît clairement en pratique quotidienne : au cours de la saison le magnésium sanguin et érythrocytaire d'un grand nombre de sportifs diminue et si aucune supplémentation ou modification diététique n'intervient, le phénomène s'aggrave de semaine en semaine. C'est surtout pendant les périodes d'entraînement intensif que le phénomène est le plus marqué, et la période la plus sensible au cours de l'année sera donc variable en fonction du sport concerné.

Certains sujets semblent présenter une prédisposition à la baisse des taux de magnésium, au cours de saisons particulières ; ce phénomène nous semble en fait lié à des charges d'entraînement variables ou à des modifications des habitudes alimentaires avec la saison, plus qu'à un véritable facteur saisonnier.

Le suivi du statut magnésique d'un individu comportera en pratique les étapes suivantes :

— mise en évidence des sujets à risque grâce au dosage sanguin du magnésium plasmatique et érythrocytaire surtout. L'opportunité et la fréquence de ce dosage devront être laissées à l'appréciation du médecin, mais il ne semble pas raisonnable de descendre en-dessous de deux dosages par an, même chez les sujets non connus pour présenter une déficience chronique. Comme nous venons de le voir, l'opportunité du dosage sera fonction du calendrier d'entraînement ou de compétition. A ces moments précis et en fonction d'éventuels signes d'appel, la fréquence des dosages pourra être bimestrielle, voire mensuelle ;

— contrôle des apports nutritionnels en magnésium pour les individus qui ont un taux inférieur à la norme.

Les apports nutritionnels recommandés pour le magnésium s'établissent chez l'adulte autour de 350 mg par jour. Même si certains auteurs (Guezennec) préconisent d'augmenter cette ration à 150 % pour la population sportive, ceci ne nous paraît pas complètement satisfaisant. En effet les enquêtes alimentaires que nous effectuons à titre systématique chez les sportifs mettent en évidence trois choses en ce qui concerne le magnésium :

— un apport magnésique souvent insuffisant bien que pas toujours corrélé au taux plasmatique constaté ;

— d'autre part une consommation souvent accrue de produits raffinés et notamment de sucreries chez les sportifs déficients en magnésium (l'effet sur la magnésurie peut en partie expliquer ce fait) ;

— enfin un apport protéique de bonne valeur biologique (produits animaux) pas toujours en rapport avec les valeurs souhaitables, et qui explique la fréquente association avec la carence en fer.

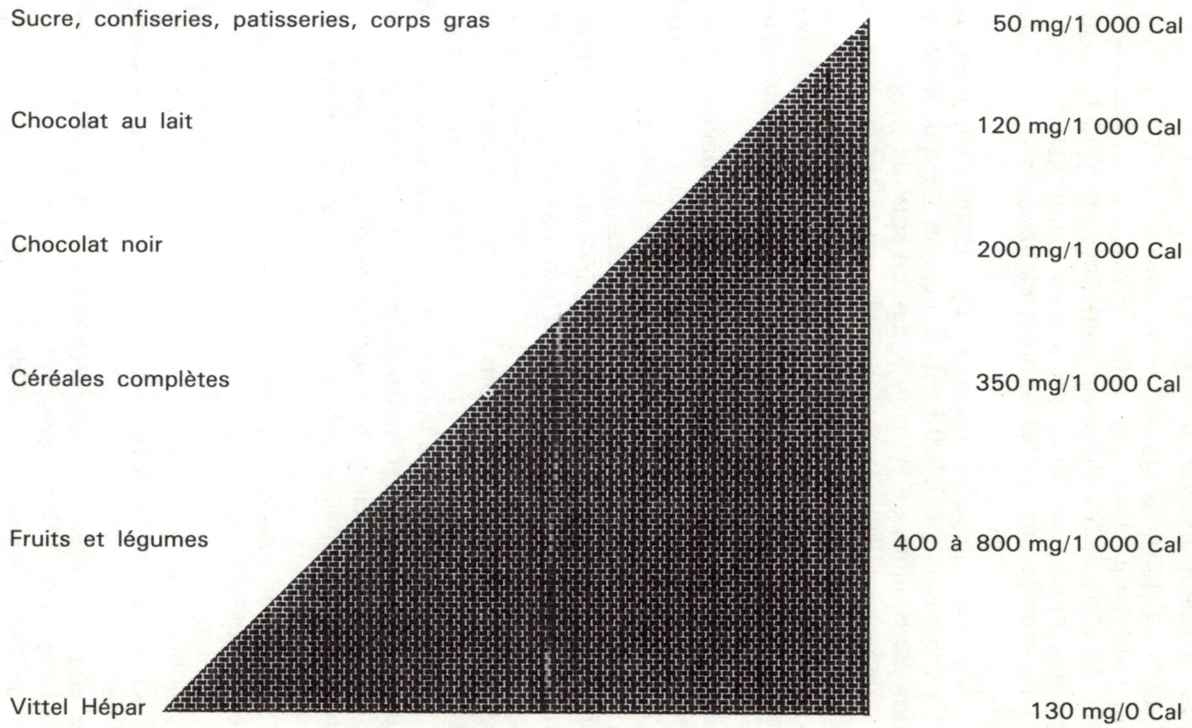

DENSITÉ NUTRITIONNELLE EN MAGNÉSIUM

Ces trois constats nous portent à penser que, comme le proposent plusieurs auteurs et notamment M. Astier-Dumas, l'évaluation des apports devrait se faire en densité nutritionnelle pour le magnésium, et non pas en valeur absolue. Il s'agit ainsi d'obtenir une teneur relative non plus exprimée en mg par jour, mais en mg par unité calorique ; ceci nous paraît beaucoup plus réaliste, car reflètant la véritable densité du régime pour l'élément considéré. En effet, l'apport n'est plus identique pour tous, quel que soit le régime par ailleurs, mais au contraire corrélé aux autres apports et notamment glucidique et calorique.

Cette façon de procéder amène à des recommandations voisines de 250 mg magnésium / 1 000 Kcal du régime, ce qui porte la consommation de nombre de sportifs à des niveaux de magnésium qui dépassent largement les recommandations exprimées en gramme par jour.

Plus la charge en glucides simples (vides en magnésium) augmentera, plus l'apport calorique sera élevé et donc plus l'apport magnésique devra être augmenté.

On distinguera ainsi des bons aliments pour le magnésium à forte teneur en magnésium et à faible pouvoir calorique (céréales, fruits et légumes) et inversement des aliments à faible teneur et à haute densité calorique (produits très sucrés ou très caloriques) (voir tableau p. 93). La classification ainsi obtenue pourra être très différente de celle que l'on connaît habituellement et qui aboutit trop souvent au réflexe chocolat, fruits secs pour « réparer » une carence magnésique. Si le chocolat doit rester présent dans notre alimentation pour ses qualités nutritionnelles reconnues, il ne doit cependant pas être considéré comme le meilleur apport en magnésium, du fait notamment d'une consommation qui doit rester modérée, en raison de l'apport non seulement sucré qu'il représente, mais surtout lipidique. L'exemple caractéristique de ce que nous venons d'évoquer peut être représenté par les apports magnésiques d'un litre d'eau minérale (Vittel, Hépar) soit environ 100 mg de magnésium pour aucune Calorie. Pour apporter la même quantité de magnésium sous forme de chocolat, ceci exigerait cent grammes soit plus de 500 Calories. Le problème de l'apport en données brutes ou par rapport à la valeur calorique de l'aliment, apparaît ici nettement, et devrait certainement être plus souvent pris en considération.

Cette enquête diététique ayant été réalisée, il s'agira de corriger les erreurs constatées. Notre prescription diététique essayera donc de favoriser un enrichissement relatif de la ration en magnésium, sans favoriser les produits riches en calories qui accroissent encore les besoins. Un excès de glucides rapides sera éliminé et remplacé par des sucres céréaliers plus riches, ainsi que par des produits à forte densité en magnésium (voir tableau p. 93) et l'équilibre énergétique sera particulièrement surveillé.

Enfin, comme nous l'avons vu, la satisfaction des besoins protéiques sera examinée avec soin.

Après une période d'un mois, un nouveau contrôle biologique aura lieu : si une normalisation des taux ou au moins une sensible amélioration s'est produite, on continuera, sinon une supplémentation médicamenteuse devra être envisagée. Bien sûr, dans la mesure où les taux initiaux sont très bas, la supplémentation peut être nécessaire d'emblée, mais jamais sans un accompagnement diététique.

Enfin si notre attitude est de corriger toute déficience magnésique biologiquement objectivée, si possible par des mesures diététiques avant toute forme médicamenteuse, il n'est pas dans notre intention de favoriser une supplémentation abusive ou systématique en magnésium dont la preúve sur la performance n'a d'ailleurs jamais été faite de façon probante sur des sujets normo-magnésémiques.

Quand on doit avoir recours à la complémentation médicamenteuse, il faudra choisir le produit le plus efficace. On aura bien entendu recours à la magnésothérapie orale dans un premier temps. Plusieurs sels de magnésiuim peuvent être utilisés, mais il semble que les sels solubles soient mieux absorbés et tolérés que les insolubles (Durlach). On utilise des pidolates, des chlorures, des lactates, des sulfates de magnésium. Plusieurs auteurs donnent leur faveur aux lactates de magnésium, que nous utilisons pour notre part avec succès et bonne tolérance, dans la mesure où la prescription ne dépasse pas 2 grammes par jour, pris en deux fois et à la fin des repas. Une dose de charge per os ou une posologie plus élevée n'améliore pas les résultats, et par contre peut diminuer la tolérance.

Chez le sportif où on a vu que le déficit d'apports est fréquemment accompagné d'une fuite urinaire par surconsommation de sucres, il paraît utile d'adjoindre un fixateur de magnésium comme la pyridoxine. Les vitamines D, quant à elles, favoriseraient la pénétration intra-cellulaire du magnésium ainsi que son absorption intestinale, mais leur utilisation nécessite un contrôle concomitant de la calcémie.

Deux types de cas peuvent faire échec à ce traitement, d'une part une intolérance digestive obligeant à l'abandon du traitement, d'autre part une malabsorption intestinale. Dans ces cas-là, on aura recours à la magnésothérapie intraveineuse ou intramusculaire. On utilisera plutôt la voie intraveineuse lente, en ayant recours à des solutions isotoniques avec des doses de 2 à 4 mg/kg/j.

3.2.2.7. LES OLIGO-ÉLÉMENTS : SELENIUM, MANGANÈSE, CUIVRE, COBALT, ZINC...

C'est la bouteille à l'encre et il est bien difficile de faire le point de cette question. Cependant, il est vrai que notre organisme comporte pratiquement l'ensemble des éléments de la classification périodique des éléments et que chacun d'eux possède un rôle spécifique de cofacteur dans la bioénergétique et dans la synthèse des protéines structurales ou plastiques. D'un autre côté, l'évaluation des stocks tissulaires de ces éléments, dont la concentration est très faible, pose d'énormes problèmes techniques de dosage. Pour l'évaluation de beaucoup de ces oligo-éléments, le sang est utilisable, mais le degré de représentativité du taux plasmatique vis-à-vis des concentrations tissulaires n'a pas été établi.

En dehors de maladies héréditaires ou acquises se traduisant par des excès ou de carence de tel ou tel de ces éléments, il est, à notre avis, prématuré d'utiliser ces paramètres dans la pratique courante. Notre expérience en la matière, à l'image d'autres équipes, s'est avérée décevante.

Cependant la sollicitation en ce domaine est grande de la part des athlètes « informés » par certains média ou de la part de certains laboratoires qui ont trouvé là un créneau commercial facile à exploiter grâce à une position affichée de pionnier et, à vrai dire, peu dangereuse du fait de l'absence de toxicité des doses préconisées, et de l'absence de vérifications objectives d'efficacité. Notre position par rapport à cela ne peut être que prudente. Jusqu'à plus amples informations, il est coûteux, voire inutile, de doser ces éléments en dehors du contexte d'un travail de recherche assorti d'un protocole précis. Toute étude ouverte nous semble *a priori* vouée à l'échec. D'un autre côté, il est probable que les règles plus ou moins générales de malabsorption et de pertes par les émonctoires des sels minéraux à l'effort peuvent s'appliquer ici et que des carences spécifiques et/ou partielles sont toujours possibles. Dans un domaine aussi incertain, comme dans d'autres à la limite de nos connaissances, il est possible de se retrancher derrière une alimentation la plus variée possible, la moins purifiée industriellement, et sans excès de fibres (on sait qu'elles peuvent piéger bon nombre de ces oligo-éléments minéraux et même organiques). Au-delà de cela, chacun devra choisir son attitude. A dose raisonnable, ces oligo-éléments ne peuvent être nocifs en cure intermittente et ils peuvent vraisemblablement apporter un mieux à certains, même s'il est frustrant de travailler au travers d'une boîte noire.

3.2.2.8. ÉLECTROPHORÈSE DES PROTÉINES ET VITESSE DE SÉDIMENTATION DES ÉLÉMENTS FIGURÉS. INFLAMMATION. PRÉVENTION DES INFECTIONS

Ces deux analyses sont généralement réalisées simultanément. Appliqués plus spécifiquement aux sportifs, ces paramètres explorent le degré d'inflammation, le stock protidique circulant et l'état des défenses de l'organisme par les anticorps circulants de type gammaglobulines.

La vitesse de sédimentation est un test d'inflammation global simple et peu onéreux. L'activité physique crée une sorte d'usure de l'organisme (qui s'ajoute à l'usure basale de repos) qui déclenche des réactions inflammatoires dont la finalité première physiologique est d'activer le renouvellement des tissus par l'intermédiaire de nombreux autacoïdes en particulier les protaglandines et les leucotriènes. Ce test constitue donc une sorte d'échelle d'évaluation du renouvellement des tissus. Lorsque l'effet de l'activité physique devient délétère sur l'organisme en raison de son intensité et de sa durée, un syndrome inflammatoire pathologique peut apparaître, proportionnel aux dégats causés par l'activité physique et fonction de la tolérance individuelle. S'il est vrai qu'un des buts de l'entraînement est d'activer le renouvellement des tissus participant à l'exercice et d'obtenir après régénération un tissu plus performant, plus robuste et mieux adapté, il est vrai aussi qu'au-delà d'une certaine charge d'entraînement dont il est très important de déterminer le seuil, l'effet destructeur sur les tissus dépassera la capacité de régénération de tissus mieux adaptés. Le sujet regressera alors dans son entraînabilité et ses performances. Globalement on peut considérer que, pour beaucoup de sports, l'entraînement bien conduit améliore le sujet dans ses aptitudes motrices alors que l'entraînement mal conduit ou la compétition crée des destructions partielles qui peuvent être évaluées par les paramètres de l'inflammation ou par le temps de récupération ou de régénération nécessaire à l'athlète pour être capable de refaire la même performance. En phase d'entraînement même lourd, la vitesse de sédimentation d'un sujet ne doit pas dépasser 10 millimètres à la deuxième heure. Du fait même du principe du dépassement de soi inhérent à la plupart des compétitions, elle peut être momentanément plus élevée dans les jours qui suivent une performance. Ce paramètre, parallèlement à d'autres tels que l'électrophorèse, permet donc d'évaluer la tolérance à l'entraînement et de suspecter un état de surentraînement. Ce paramètre a donc une place justifiée dans les bilans à pratiquer régulièrement pour le suivi des athlètes appartenant à des disciplines très sollicitantes au niveau musculaire.

L'électrophorèse est un examen plus onéreux et d'interprétation plus délicate, même en dehors du contexte sportif. On tend à lui préférer actuellement l'établissement du profil protéique beaucoup plus spécifique, mais d'usage non encore généralisé. Le premier paramètre affiché dans un compte rendu d'électrophorèse est le dosage des protides totaux. Ce taux traduit l'équilibre qui doit exister entre les apports alimentaires en protides et l'utilisation métabolique de ceux-ci principalement dans la reconstruction tissulaire. Toute diminution de ce taux évoquera une éventuelle carence d'apport en protides, comme on l'observe chez le vieillard en déséquilibre alimentaire chronique. La zone de confort pour le sportif se situe vers les valeurs hautes. Il n'est pas exceptionnel de voir des taux supérieurs au maximum annoncé. Ceci ne présente pas d'inconvénient et témoigne en fait implicitement d'une très bonne disponibilité biologique en acides aminés essentiels qui garantira une régénération tissulaire optimale. Sur le profil spécifique des diverses protéines, de nombreuses anomalies sont vues chez le sportif. Il peut s'agir d'un syndrome inflammatoire aigü associé ou non à un problème infectieux qui justifie alors un traitement étiologique. Ce cas est relativement rare et constitue, en dehors d'un contexte infectieux, un argument important en faveur d'un état de surentraînement. Le retour à un profil normal sera rapide après quelques jours de modification de l'entraînement. Beaucoup plus couramment rencontré, c'est le cas presque général chez les athlètes pratiquant entre 500 et 1 000 heures d'entraînement annuel, est le profil qui associe des pics d'albumine et alpha 1 globulines normaux suivis d'une augmentation des alpha 2 globulines, des béta globulines eux-mêmes suivis d'un pic faible voir abaissé de gammaglobulines. Cela témoigne d'une inflammation discrète chronique habituelle, même si le programme d'entraînement est bien construit. Dans ce type de profil seul le pic de gammaglobulines doit inciter à réagir. Ce pic évalue globalement le niveau des anticorps circulants, c'est-à-dire les défenses globales non spécifiques de l'organisme contre les infections. La baisse de ce pic est liée à l'effet immuno-suppresseur de l'activité physique régulière déjà évoquée à propos de la numération des globules blancs. Un taux bas signifie que le sujet est plus fragile vis-à-vis des infections ; alors qu'il atteint son état de forme, il risque de voir baisser brutalement ses aptitudes.

De nombreuses carrières de sportifs de haut niveau ont été brisées à cause de banales infections oto-rhino-laryngologiques ou broncho-pulmonaires.

Des moyens préventifs efficaces existent qui sont applicables aux sportifs, dont le but est de stimuler les défenses immunitaires. Les thérapeutiques douces modificatrices du terrain (homéopathie, acupuncture, phytothérapie), à condition d'être bien adaptées au sujet, donnent d'excellents résultats et méritent d'être essayées. Les thérapeutiques allopathiques classiques reposant sur le principe de la vaccination locale ou générale par des antigènes spécifiques administrés au niveau des muqueuses ou par voie générale, donnent également d'excellents résultats durables attestés par l'augmentation objective des anticorps circulants (gammaglobuline) et la diminution spectaculaire du nombre et surtout de la gravité et de la durée des épisodes infectieux. Les traitements à base de soufre s'avèrent également très utiles, surtout en complément des précédents. Qu'il s'agisse de traitements homéopathiques ou allopathiques, les deux n'étant pas incompatibles, il importe de les instaurer très tôt par rapport à la période de couverture souhaitée. Ici encore, l'anticipation est la règle et il serait inutile, voire nuisible pour le sujet de mettre en route ce type de traitement pendant la saison de compétition. Deux raisons principales justifient la mise en œuvre anticipée de ces traitements. Tout d'abord, l'effet immuno-stimulant est long à apparaître. En utilisant, comme cela est classique, deux, voire trois produits différents, en deux à trois cures alternées d'une semaine, séparées, entre chaque cure, par une semaine sans traitement, il faut compter environ deux à trois mois de traitement pour obtenir une couverture efficace qui durera deux à quatre mois après l'arrêt du traitement. Si le traitement a été bien conduit, le taux de gammaglobulines doit se situer vers le maximum des valeurs normales de ce paramètre. La deuxième raison est que ce traitement occasionne chez environ la moitié des sujets une légère fatigue supplémentaire qui s'ajoute à celle due à l'entraînement. Chez certains sujets, aux posologies habituelles, une fatigue proche de celle de l'état infectieux peut être observée qu'il est facile de faire disparaître par l'allégement des doses et l'espacement des prises. L'adaptation individuelle du traitement permet de ne sélectionner que les avantages de ces thérapeutiques. Ces thérapeutiques ne constituent pas cependant une arme absolue. S'il existe un foyer infectieux permanent d'origine dentaire ou oto-rhino-laryngologique par exemple, il conviendra de règler d'abord ce problème avant d'instaurer ces thérapeutiques. Dans certaines disciplines sportives, la saison de compétition atteint plusieurs mois et, dans ce cas, il est possible de réaliser une ou plusieurs cures de rappel de quelques jours dans les périodes moins chargées en épreuves. Certains sujets décrivent spontanément l'apparition d'un état de forme inattendu un à deux jours après l'arrêt du traitement. Cela peut être mis à profit pour des objectifs importants. Cela peut être dû soit à l'arrêt de l'état de fatigue lié au traitement, soit à un authentique effet rebond. Ces thérapeutiques ne doivent jamais être instaurées en périodes de maladie ou dans la proche convalescence.

En cas d'urgence ou si le traitement préventif à long terme n'a pu être suivi efficacement, il est possible de recourir aux injections intramusculaires de gammaglobulines polyvalentes. Malgré la qualité des produits existants, ce moyen thérapeutique ne doit être utilisé qu'exceptionnellement et ne doit pas remplacer systématiquement le traitement préventif précédemment évoqué. Des risques d'allergies sont toujours possibles, les volumes injectés ainsi que la nature du produit peuvent donner une douleur au point d'injection qui peut pénaliser le sujet.

La durée de la couverture est de quatre à cinq semaines environ avec une posologie moyenne de huit à dix millilitres de gammaglobulines polyvalentes à 16,5 %. Comme pour le traitement long, un état de forme inattendu peut apparaître chez certains sujets un à deux jours après l'injection.

Comme pour les autres paramètres, il est important de n'instaurer un traitement qu'à la lumière des antécédents du sujet et au vu des résultats des analyses sanguines.

3.2.2.9. DOSAGE DES ENZYMES MUSCULAIRES : TRANSAMINASES (GOT, GPT), LACTICODÉSHYDROGÉNASE (LDH), CRÉATININE KINASE (CK, EN PARTICULIER CKMM), ALDOLASE.

Chacune de ces enzymes participe à un niveau particulier à la production ou à l'utilisation de l'ATP par le muscle. Elles agissent en catalysant ces réactions. Le lieu de séjour habituel de ces enzymes est tissulaire, c'est-à-dire qu'on les rencontre dans les muscles, mais aussi pour certaines d'entre elles dans pratiquement l'ensemble des cellules de notre organisme y compris les globules rouges. Mis à part l'isoenzyme CKMM dont la localisation est presque exclusivement musculaire, ces enzymes sont donc ubiquitaires. Physiologiquement, en raison de la destruction incessante de nos cellules pour leur renouvellement, il existe une faible concentration de ces enzymes dans la plasma sanguin qu'il est possible d'évaluer par la mesure en laboratoire de leur activité catalytique. Leur présence dans le plasma ne répond pas à un rôle particulier de ces enzymes à ce niveau, mais correspond à une forme de transit vers les organes d'épuration.

En biologie du sport la mesure de l'activité de ces enzymes a été proposée depuis plusieurs décennies comme facteur de souffrance du muscle à l'effort, un prolongement des principes utilisés en pathologie pour le diagnostic des affections du myocarde ou des hépatites par exemple. En effet, lorsqu'une cellule est mise en situation extraphysiologique telle que déficit d'apport en oxygène, acidose, choc mécanique, sa membrane devient plus ou moins perméable en fonction de la nature et de l'intensité du stress dont elle est l'objet. Les enzymes qu'elle contient diffuseront vers le liquide interstitiel, puis gagneront le plasma sanguin dans lequel elles peuvent être considérées comme le témoin des dégats tissulaires. Ce principe, tant en pathologie que chez le sportif, n'a jamais été invalidé. Cependant il est maintenant bien admis qu'il n'existe pas de corrélation individuellement applicable entre l'élévation du taux sanguin en telle ou telle enzyme et l'étendue et le degré des lésions tissulaires. A cela s'ajoute le fait que tous les traumatismes musculaires directs, que l'on rencontre dans les sports de contact et dans les autres sports où les chocs sont courants, vont entraîner une élévation plasmatique non spécifique de ces enzymes. Une simple chute sans conséquences particulières peut entraîner un taux d'enzyme atteignant 2 à 10 fois l'activité annoncée dans les valeurs normales. Pour ces raisons, ces paramètres sont, la plupart du temps, inutilisables parce qu'insuffisamment spécifiques et fiables. L'usage raisonnable de ces paramètres enzymatiques ne peut être préconisé que dans les disciplines desquelles les traumatismes directs sont exclus. Dans ce cas, la réalisation chaque matin du dosage de la CKMM pourraît être utile au suivi de l'état musculaire des athlètes en procédant à une comparaison individuelle avec les valeurs antérieures. Une sorte d'étalonnage individuel, sur de nombreux dosages, doit être instauré. En pratique, ces paramètres, comme d'autres tels que le taux d'urée, l'ammoniémie... ne sont utilisés que par quelques habitués et ne peuvent faire l'objet d'une généralisation. D'autres paramètres plus performants existent.

3.2.2.10. PARAMÈTRES LIÉS AU CATABOLISME DES PROTIDES : URÉE, CRÉATININE, ACIDE URIQUE

Globalement ces paramètres sont considérés comme représentatifs du catabolisme des protéines. Leur concentration dans le sang résulte de l'équilibre entre leur production liée aux dégats tissulaires et, pour une faible part, à leur implication dans le métabolisme bio-énergétique et leur élimination par le rein dans les urines. Ces trois paramètres sont donc dépendants de la diurèse (volume d'urine élaboré par le rein en 24 heures) donc des apports d'eau. En présence d'un taux élevé, plusieurs interprétations sont possibles. Il peut s'agir d'une augmentation du catabolisme des protéines. En l'absence d'autres signes, il serait abusif dans ce cas de demander une réduction de la mobilisation musculaire du sportif. Plus raisonnablement, c'est du côté de l'équilibre hydrique que se trouve l'explication. Cette situation concerne, dans l'immense majorité des cas, des sujets dont la diurèse est inférieure à 1,5 litres, c'est-à-dire dont les apports en eau ne sont pas suffisants pour entraîner un drainage de ces déchets. L'augmentation des apports hydriques de façon à obtenir une diurèse idéale située entre 1,5 litres et 2 litres par jours entraîne, en quelques jours, une normalisation spectaculaire de ces paramètres dont on sait que l'élimination est directement proportionnelle à la diurèse. Faute de pouvoir jouer sur la fabrication, il reste à agir sur l'élimination. A propos de la fabrication, il faut également préciser qu'elle n'est pas forcément liée à un excès d'apport en protéines comme ce peut être le cas chez le non sportif. Il est abusif et contraire à l'intérêt du sportif de conseiller au sujet de réduire ses apports en protides avant d'avoir rééquilibré sa balance hydrique. Trop souvent cet argument est avancé par les partisans des régimes végétariens ou pauvres en protéines alors que la solution est ailleurs.

L'acide urique mérite une mention particulière en complément de ce qui précède. Contrairement à l'urée ou la créatinine qui ne possèdent pas de toxicité particulière tant que leurs concentrations restent voisines des valeurs maximales des fourchettes de valeurs normales observées, l'acide urique est fortement suspecté de participer très activement à la constitution des tendinites et des enthésites qui constituent statistiquement le premier motif de l'inaptitude partielle, voire totale, du sportif, loin devant le muscle ou les autres éléments de l'appareil locomoteur. Le mécanisme évoqué pourrait reposer sur la précipitation des cristaux d'acide urique dans les espaces proches des tendons favorisée par la déshydratation, l'hyperthermie et l'acidose, un peu comme pour la goutte. Ces cristaux constitueraient autant de corps étrangers acérés qui déclencheraient la réaction inflammatoire observée. Ceci peut apparaître alors même que le taux d'acide urique ne dépasse pas la valeur maximale de la fourchette des valeurs normales. Un argument en faveur de cette explication est que l'instauration d'une cure efficace de diurèse prolongée par une hydratation quotidienne normalisée constitue la base du traitement efficace dans les tendinites, surtout si elles sont récidivantes ou chroniques. Ici aussi, dans la mesure où l'apport quotidien en protéines n'est pas excessif, il est inutile et préjudiciable de vouloir le réduire. En aucun cas, cela ne suffirait à réduire la production d'acide urique qui provient plus de l'augmentation du renouvellement des protéines structurales induites par l'effort que du métabolisme des protéines alimentaires. Le froid peut aussi constituer un facteur favorisant l'apparition des tendinites en aidant la précipitation des cristaux d'acide urique. L'échauffement de l'appareil locomoteur peut lutter contre ce facteur.

3.2.2.11. LES MACRO-ÉLÉMENTS MINÉRAUX : SODIUM, POTASSIUM, CHLORURE, PHOSPHORE ET CALCIUM

En dehors d'atteintes pathologiques endocriniennes rénales ou du métabolisme phosphocalcique, il est pratiquement impossible dans la pratique sportive autochtone de voir des anomalies de ces paramètres.

Les stocks de ces éléments sont importants et, à condition de respecter des apports hydriques corrects à l'entraînement ou à l'effort, il ne peut être observé d'anomalies que dans des conditions extrêmes d'exercices prolongés en ambiance thermique très élevée, telles ces nouvelles courses des déserts.

Les simples apports alimentaires normaux suffisent largement à couvrir les pertes. Il est vrai que dans certains types de compétitions actuelles, plus proches d'opération survie que de compétition sportive respectant les principes généraux de l'hygiène et de la santé, ces apports ne sont pas toujours possibles.

3.2.2.12. DOSAGES HORMONAUX SANGUINS OU URINAIRES

Techniquement, il est actuellement possible de doser dans le sang, la salive ou les urines la plupart des hormones ou de leur métabolites qui participent à la régulation des métabolismes énergétiques ou non énergétiques impliqués dans l'activité physique ponctuelle ou à long terme.

Les connaissances scientifiques permettant leur interprétation ont beaucoup progressés ces dernières années sans toutefois que des règles généralisables à tout individu en aient été déduites même au niveau des situations physiologiques extrêmes telles que celles qui accompagnent les compétitions internationales ou l'état de surentraînement. Il est bien délicat de se prononcer en face d'un taux effondré ou supérieur à la normale de telle ou telle substance hormonale. En plus de cela se pose la question de la conduite à tenir face à un résultat anormal. Le danger est grand d'utiliser ces résultats comme argument pour procéder à des recharges ou des stimulations hormonales. Notre opinion, déjà annoncée, est que c'est là que se situe la frontière entre la préparation biologique orientée vers la mise à disposition qualitativement et quantitavement adaptée des nutriments énergétiques et plasmatiques (glucides, lipides, protides) ou non énergétiques (eau, sels minéraux, oligo-éléments, vitamines) et le dopage.

Le biologiste sans pour autant utiliser la technique de l'autruche n'a pas le droit de mettre en péril la bonne santé d'un individu en jouant sur des régulations physiologiques qui sont nos meilleurs systèmes connus de survie en bonne santé. L'organisme humain est dans une certaine mesure capable de faire face à des abus de nutriments. En la matière, nombre d'erreurs sont pardonnées ou du moins ne conduisent pas à des situations irréversibles. Il est par contre rapidement dépassé, si on atteint ses régulations, qu'elles soient de nature nerveuse comme c'est le cas pour les psychotropes (les amphétamines en font partie) ou hormonale aux divers niveaux des axes de régulation dont on sait qu'elles (régulations nerveuses et hormonales) possèdent de nombreux points de contact au niveau le plus haut de leur régulation, c'est-à-dire au niveau des structures cérébrales supérieures.

En face d'un sportif fatigué, il est du devoir du médecin biologiste du sport de prendre le temps de lui expliquer cette différence, de le convaincre du danger à moyen et long terme des pratiques souvent banalisées parce qu'à la limite des seuils de détection des produits dopants interdits. Un allègement du programme d'entraînement et de compétition permet, dans la grande majorité des cas, un résultat meilleur et plus durable aussi bien du point de vue de la performance que de la santé ultérieure de l'athlète, donc de sa longévité sportive.

CHAPITRE 4

LES FACTEURS LIMITANTS ET LEURS COMPENSATIONS (AVANT, PENDANT ET APRÈS L'EFFORT)

4.1. Perturbations biologiques induites par l'effort

4.1.1. INTRODUCTION

Au cours de l'exercice physique, la répercussion de la sollicitation des métabolismes énergétiques va porter principalement sur trois facteurs :

— l'épuisement des substrats : ici, seul le glucose circulant et les stocks glucidiques (glycogène hépatique et musculaire) seront concernés, les réserves en graisse (tissu adipeux) de l'individu même « maigre » assurant l'autonomie d'environ une trentaine de marathons ;

— la perte d'eau, véritable clé du refroidissement de l'organisme à l'effort et responsable direct de la baisse de capacité de travail ;

— la modification de l'équilibre acido-basique de l'organisme vers l'acidose.

4.1.2. MÉTABOLISME DU GLUCOSE

4.1.2.1.LE GLUCOSE

L'énergie mécanique nécessaire à toute activité physique provient de la transformation d'énergie chimique en énergie mécanique. Différents substrats peuvent fournir l'énergie nécessaire à la contraction musculaire qui nécessite l'hydrolyse de la molécule d'ATP selon la formule :

$$\text{ATP} \rightarrow \text{ADP} + \text{Pi} + \text{H}^+ + \text{Énergie}$$

(Pi = phosphate inorganique)

Les substrats énergétiques essentiels, glucose, acides gras et acides aminés seront utilisés dans des proportions différentes en fonction de la durée et de l'intensité de l'exercice. (Voir p. 36.)

Parmi ces substrats, seul le glucose peut être un facteur limitant à l'effort.

En effet la composition corporelle d'un individu « standard » en matière de stocks énergétiques s'établit comme suit :

individu masculin de 70 kg :

Protides	12 000 grammes
Lipides	10 500 grammes
Glycogène hépatique	80-100 grammes
Glycogène musculaire	300-400 grammes
Glucose circulant	10 grammes
ATP + créatine phosphate	80 grammes

On constate immédiatement que, si les réserves de graisse sont abondantes et ne vont donc pas constituer un facteur limitant en cas d'effort d'intensité modérée et de longue durée, au contraire les réserves de glucides placées dans le foie et le muscle sous forme de glycogène (le glycogène représente la forme de réserve des sucres dans l'organisme et peut être rapproché de l'amidon du règne végétal ; il est constitué de nombreuses molécules de glucose) lors d'efforts intenses (> 80 % de VO_2 max) subiront une déplétion pouvant provoquer l'arrêt de l'exercice par hypoglycémie, la « fringale bien connue », de tous les sportifs.

On peut donc d'emblée en conclure que la durée maximale d'un exercice intense sera fonction de l'importance des stocks initiaux en glycogène.

Il existe à l'effort une régulation glycémique qui fait que la glycogénolyse hépatique (mise en circulation de glucose à partir du glycogène hépatique) permet de maintenir le taux de sucre circulant (glycémie) à un niveau suffisant. Ceci permet aux cellules musculaires d'utiliser le glucose circulant et ainsi d'épargner leurs réserves en glycogène. Il est très important de préciser ici qu'il n'y a pas de possibilité pour la cellule musculaire de libérer du glucose dans la circulation à partir de son glycogène. Ainsi un groupe musculaire au travail ne pourra pas bénéficier des stocks de glycogène d'un autre groupe musculaire au repos.

La seule solution pour trouver des substrats glucidiques pour la cellule, une fois son glycogène épuisé, consistera à faire appel au glucose circulant qui lui-même ne peut provenir que du foie grâce à la glycogénolyse et à la néoglucogenèse. Les stocks hépatiques étant faibles et le débit de formation du glycogène assez limité aux alentours de 15 g/h, il apparaît alors évident que le maintien de la glycémie nécessite un apport exogène, passé un délai assez faible de 45 à

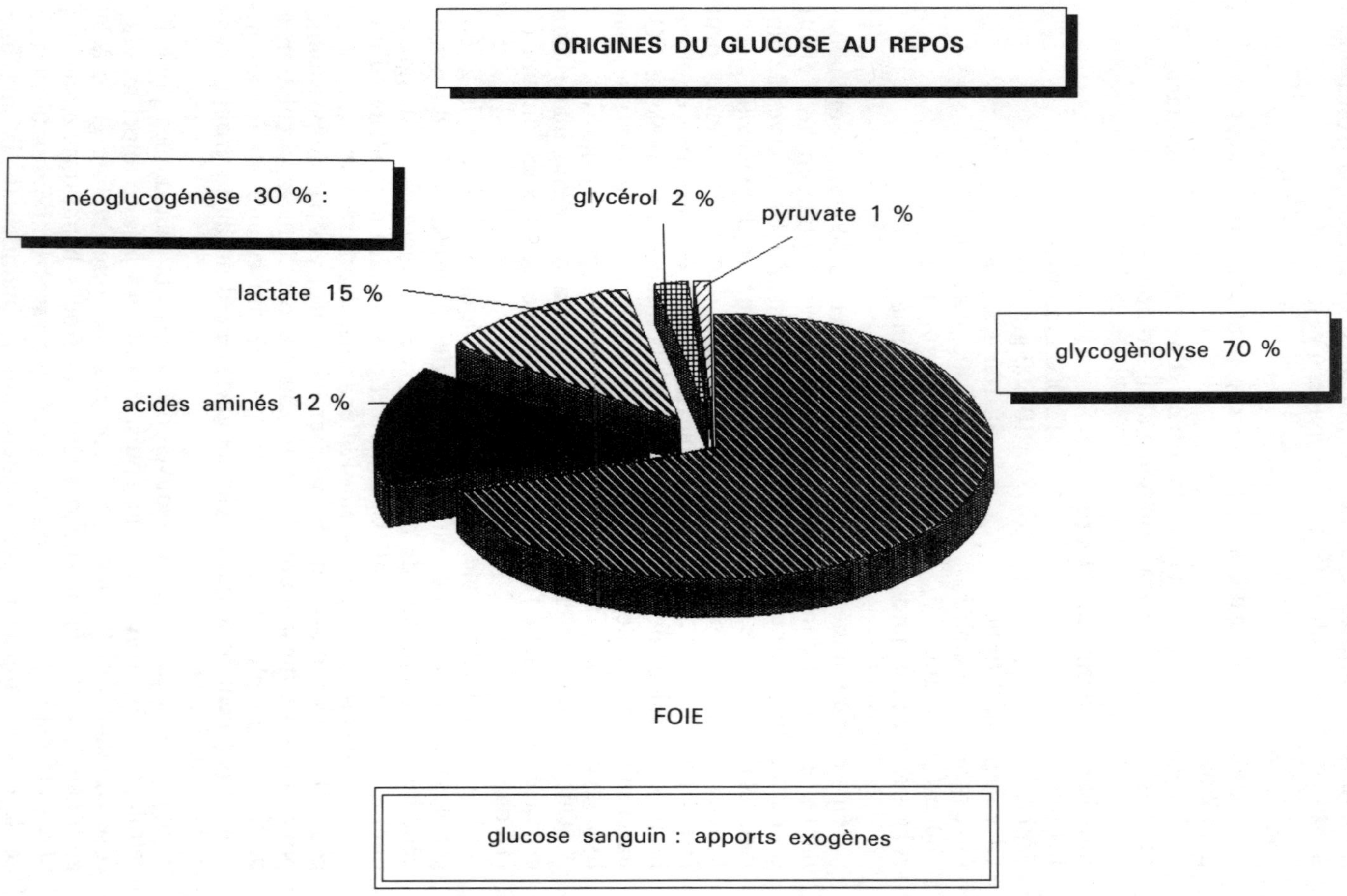

ORIGINES DU GLUCOSE AU REPOS
néoglucogénèse 30 % :
glycérol 2 %
pyruvate 1 %
lactate 15 %
glycogènolyse 70 %
acides aminés 12 %
FOIE
glucose sanguin : apports exogènes

EFFETS DU RÉGIME SUR LE TEMPS D'EFFORT

d'après la concentration en glycogène

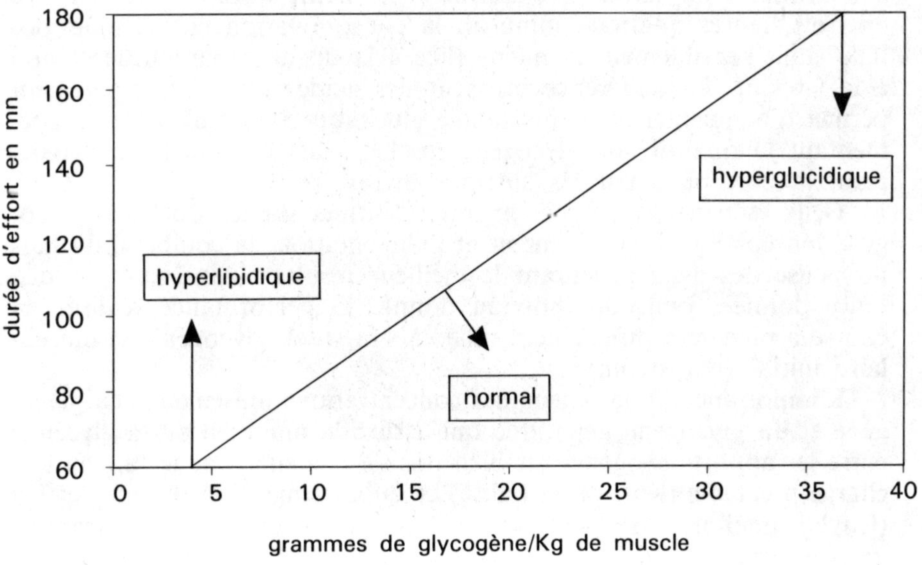

90 minutes (durée moyenne de l'épuisement des stocks). En effet, les autres sources de production de glycogène au niveau hépatique que sont d'une part la néoglucogenèse à partir de certains acides aminés et notamment l'alanine et d'autre part à partir du pyruvate et du lactate (qui proviennent du métabolisme énergétique cellulaire et sont retransformés par l'intermédiaire du cycle de Cori) sont quantativement insuffisantes pour assurer une stabilité glycémique (voir schéma p. 108).

Il apparaît ainsi, pour chaque individu, une « autonomie glycémique » qui sera fonction de ses stocks initiaux en glycogène. Cette autonomie va également dépendre de la consommation glycogénique elle-même fonction de l'intensité de l'effort (ou vitesse de course) : ainsi meilleure est la performance et plus haute sera la consommation de glycogène, tous les autres paramètres étant par ailleurs identiques. Un même individu pourra ainsi dépenser 400 grammes de glycogène pour courir un marathon en deux heures vingt minutes alors que seulement 250 grammes lui seront nécessaires si la même distance est couverte en trois heures quarante minutes, la consommation énergétique globale étant sensiblement la même (liée à la distance parcourue et non à la vitesse). La différence provient des acides gras. L'entraînement permet d'augmenter cette autonomie glucidique non seulement en augmentant la quantité de glycogène stocké, mais également en privilégiant la part prise par les autres substrats (p. 109).

Deux facteurs sont donc capables d'influer sur les stocks de glycogène musculaire : l'entraînement et l'alimentation, la combinaison harmonieuse des deux procurant le meilleur résultat. Ainsi sur une distance donnée, pour un individu donné, la performance réalisée en course à pied sera directement reliée à son stock glycogénique musculaire initial (Bergström).

L'importance de la teneur des concentrations musculaires en glycogène et du glycogène hépatique qui assure le maintien de la glycémie entre les apports exogènes est bien mis en évidence par le fait qu'une charge préalable (Karlson et Saltin) et qu'une ingestion durant l'effort (Coyle) améliorent la performance pour un exercice en endurance.

Trois aspects pratiques méritent d'être développés :

1 — Comment obtenir des réserves initiales maximales ?

2 — Comment épargner ces réserves durant l'exercice ?

3 — Comment récupérer des stocks satisfaisants le plus rapidement possible après l'effort ?

4.1.2.2. OBTENTION DE RESERVES MAXIMALES AVANT L'EXERCICE

On doit distinguer ici l'alimentation des jours qui précèdent l'effort et celle des heures précédant l'exercice. La première a pour but de remplir au maximum les réservoirs alors que le dernier repas pré-épreuve doit permettre l'épargne des stocks en apportant une charge calorique délivrée au fur et à mesure de l'effort : nous verrons que certains aliments assurent parfaitement bien cette fonction.

L'alimentation quotidienne pour l'entraînement doit avoir comme objectif un équilibre alimentaire qualitatif garantissant l'absence de carences et d'autre part un apport quantitatif notamment en glucides conforme à la charge de travail envisagée. Ceci doit permettre d'assurer un équilibre pondéral au niveau souhaité.

L'apport énergétique quotidien proviendra donc :

— pour 12 à 15 % des protéines ;

— pour 28 à 30 % des lipides ;

— pour 55 à 60 % des glucides.

Plus la ration énergétique s'élèvera et plus le pourcentage relatif des glucides devra augmenter pouvant atteindre jusqu'à 75 % des apports sur de courtes périodes.

En effet pour des athlètes de haut niveau engagés dans des programmes d'entraînement atteignant six heures ou plus par jour, les besoins journaliers en hydrates de carbone pourront atteindre 9 à 10 grammes par kilogramme de poids corporel, avant et pendant l'exercice.

Pour une très grande majorité de sportifs, un régime alimentaire équilibré, tel que celui mentionné, suffit à assurer des stocks glycogéniques satisfaisants. Il est important de souligner ici que cette alimentation équilibrée menée tout au long de la saison est au moins aussi nécessaire sinon plus que les adaptations du dernier repas avant l'exercice. Nombre de sportifs sont malheureusement persuadés du contraire ; si, en effet, l'alimentation des dernières heures est importante et peut influer fortement sur la performance et particulièrement dans le sens d'une contre-performance, elle ne permettra jamais de corriger un état carenciel ou de reconstituer des stocks glycogéniques suffisants.

Il existe une méthode spécifique pour accroître au maximum ces réserves de glycogène de l'organisme : celle-ci combine les effets d'un entraînement spécifique associé à une alimentation particulière ; il s'agit du désormais célèbre régime dissocié scandinave (RDS) mis au point par les chercheurs Scandinaves dans les années 1967 (Bergström et Hültman, Saltin et Hermansen). L'exercice intense augmente la production d'une enzyme appelée « glycogène synthétase » qui peut accroître la constitution de glycogène au profit des fibres musculaires à partir de glucides ingérés. D'autre part, tout glucide consommé au repos une fois les stocks glycogéniques hépatiques et musculaires comblés ne peut plus être stocké que dans le tissu adipeux après transformation en lipide, ce qui est rarement le but recherché par un sportif. Le problème qui se pose est de repousser ce niveau de réplétion glycogénique, à partir duquel les sucres seront transformés en graisse.

Le principe initial repose sur deux phases :

— la première dont l'objectif est l'épuisement maximal des réserves en glycogène et qui conjugue à cette fin une alimentation carencée en glucides, essentiellement protidolipidique et un travail en entraînement le plus intense possible ;

LE PHÉNOMÈNE DE SURCOMPENSATION

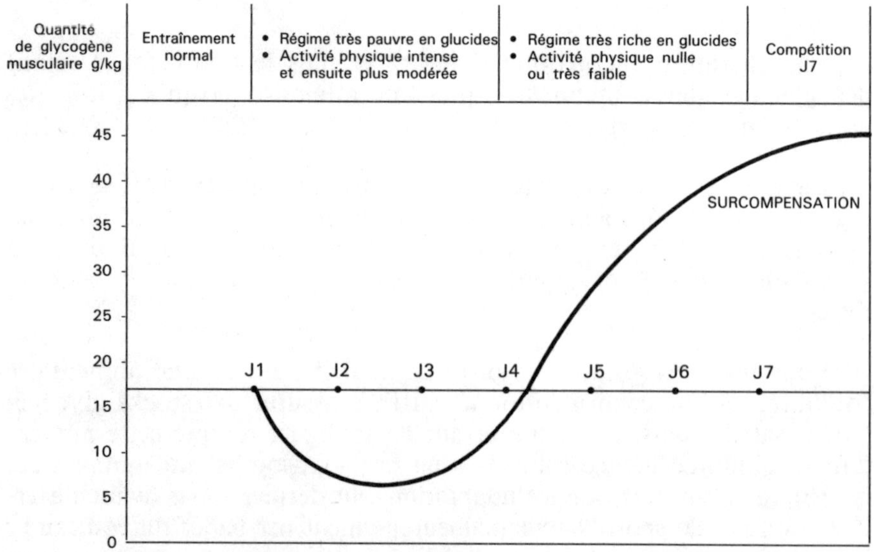

PRINCIPE DU RÉGIME DISSOCIÉ SCANDINAVE

— la seconde au contraire associe un entraînement modéré à une alimentation à large prédominance glucidique (à 75 % voir plus de l'apport énergétique total).

Le phénomène général physiologique de surcompensation après carence explique, pour les auteurs de ce régime, un résultat obtenu au profit des stocks à 120 % du niveau initial avant régime. De nombreux auteurs (Nilson, Costil) ont depuis confirmé la réalité du résultat.

De façon empirique sur le terrain, certains sportifs ou entraîneurs avaient pu constater le phénomène : ainsi il est courant d'entendre dans le milieu cycliste : « ... il faut qu'ils aient la fringale pour bien marcher ensuite. » Il s'agit dans ce cas là d'un régime dissocié mal appliqué, en tout cas du point de vue chronobiologique, car si la déplétion glycogénique totale arrive pendant une étape d'une course, il sera très difficile pour ces coureurs de récupérer un stock de glycogène valable, et les effets généraux seront toujours plus néfastes que bénéfiques : l'hypoglycémie doit à tout prix être évitée pendant une épreuve aussi longue soit-elle.

C'est le but de la nutrition pré-et per-compétitive.

On sait en effet qu'après une déplétion totale la restauration initiale des stocks prend de 48 à 72 heures, ceci en l'absence de dépenses (donc d'efforts intenses), ce qui n'est pas le cas d'un coureur qui reprend la route le lendemain matin.

Plusieurs critiques ont été formulés à l'encontre de ce régime :

— un effort exténuant, pour épuiser les réserves de glycogène, pratiqué sept jours avant une épreuve importante paraît peu compatible avec la préparation physiologique rationnelle : cette réserve tombe actuellement en désuétude depuis que des auteurs (McDougall) ont montré l'efficacité au moins équivalente sinon supérieure d'exercices spécifiques en intervalles très courts sur la déplétion glycogénique ;

— la première phase du régime, dite lipido-protéique, présente l'inconvénient d'ordre médical d'être athérogène (c'est-à-dire génératrice de lésions d'athérome) bien que cet argument soit négligeable, du moins pour un individu sain, si ce type de régime n'est pratiqué que deux à trois fois par an. Plus gênante est la difficulté que présentent les athlètes pour s'entraîner durant cette phase : l'entraînement en état d'épuisement glycogénique est en effet excessivement difficile et ces difficultés retentissent souvent sur leur moral déjà fragile avant une compétition importante.

Cette déstabilisation psychologique induite par les mauvaises performances réalisées à l'entraînement (volontairement obtenues par la carence glucidique) peut être vécue comme un véritable stress et aboutir à une performance médiocre le jour J, ce qui exige de toutes façons un essai préalable de ce type de régime par ceux qui veulent le pratiquer.

Durant cette période les troubles ostéo-articulaires et musculo-tendineux semblent également augmentés en fréquence (Creff). On assiste également souvent à une ascension des taux sanguins d'urée et d'acide urique avec les conséquences fonctionnelles possibles.

En définitive, cette phase du régime présentant beaucoup plus d'inconvénients tant physiques que mentaux, que d'avantages réels, tend de plus en plus à être abandonnée au profit du régime standard d'entraînement à 55 % de glucides (Costill).

En ce qui concerne la deuxième phase qui prône un régime hyperglucidique à 75 %, ou plus, de l'apport énergétique total (AET) pendant trois jours, son intérêt sur l'accumulation glycogénique a été maintes fois décrites (Piehl, Sherman, Miller, Costill, Coyle). Le gain obtenu varie de 10 à 20 % suivant les études (Peronnet). Si cette phase ne présente pas de danger clinique pour un sujet en bonne santé, il faut quand-même signaler la possibilité d'intolérances digestives (gastralgies, colites irritatives, flatulences, météorisme...) variables en fonction des individus et des menus choisis (attention aux sucres très fermentables...).

L'utilisation appropriée de certains condiments améliore ces phénomènes digestifs : noix de muscade, coriandre et cumin.

D'autre part, un stockage glycogénique s'accompagne d'une rétention hydrique (2,7 g d'eau par gramme de glycogène stocké) expliquant une prise de poids obligatoire qu'il faut mentionner au sportif en lui indiquant son effet bénéfique possible par stockage hydrique endogène.

Le phénomène de surcompensation est autolimitant, c'est-à-dire que plus les réservoirs se remplissent et moins l'induction enzymatique favorisant cette synthèse est importante ; ceci peut sans doute expliquer une relative inefficacité chez les athlètes de très haut niveau, ceux-ci partant vraisemblablement de niveaux initiaux déjà submaximaux.

Enfin comme tout régime déséquilibré, quel qu'il soit, les apports vitaminiques notamment en B1, B6 et minéral en magnésium devront être contrôlés et la répétition d'un tel régime sur l'année devra être modérée.

Ces différentes observations nous font plutôt préconiser actuellement un régime équilibré à 60 % de glucides tout au long de l'entraînement qui assure de bons stocks glycogéniques, associé à une simple surcharge glucidique quarante huit heures avant un objectif précis quand le besoin s'en fait sentir : l'entraînement sera alors modéré en intensité pendant trente à quatre vingt dix minutes avec une charge glucidique de 9 à 10 grammes par kilogramme par jour (Coyle).

Il faut souligner que seuls des exercices intenses et de durée supérieure ou égale à deux heures sont intéressés par ce type de pratique. Par contre, un moindre niveau d'entraînement ou un âge avancé ne contre-indiquent en rien cette pratique : en effet le sous-entraînement ou l'âge privilégient l'utilisation du glycogène pour une dépense énergétique identique et paradoxalement des stocks initiaux en glycogène bas (Meredith).

Signalons enfin des travaux personnels menés sur le sommeil et le régime dissocié qui ont mis en évidence une augmentation significative de la phase de sommeil lent profond (le SLP) au cours des phases d'alimentation hyperglucidique (Francart, Garnier) ; l'intervention ayant été démontrée de cette phase de sommeil (SLP) dans les processus de récupération de fatigue (Bunnell, Hartmann, Oswald), cette augmentation précompétitive peut constituer un facteur d'optimisation de la performance motrice en plus de l'augmentation des réserves glycogéniques musculaires.

4.1.2.3. APPORTS GLUCIDIQUES AVANT L'ÉPREUVE

• **La règle des trois heures :**

Celle-ci repose sur le principe de physiologie suivant : la digestion des aliments séquestre une partie du volume sanguin circulant au niveau des organes digestifs, et c'est autant de masse sanguine donc d'apport possible en O2 qui se trouve indisponible pour les muscles en activité. A ceci s'ajoute la notion d'inconfort que peut provoquer un estomac plein à l'effort. On a donc classiquement admis que l'activité physique ne devait pas être accomplie moins de trois heures après un repas, ceci quelle que soit l'heure de pratique dans la journée. Comme toute règle, celle-ci se doit d'être interprétée et modulée en fonction d'une part des individus, et d'autre part du type de repas ingéré : le temps de digestion peut varier de deux heures à six heures ou plus (Creff, Peronnet).

A partir de cette constatation, certains pourraient être tentés par un jeûne complet : celui-ci serait bien entendu néfaste ; en effet, sans apports nutritionnels, la glycémie est maintenue grâce à la mobilisation du glycogène hépatique notamment pour les besoins des cellules cérébrales, qui ne savent utiliser que le glucose. Ces réserves peuvent être épuisées aux trois quarts en moins de dix heures. La nécessité d'un apport nutritionnel s'impose donc et notamment glucidique.

La majorité des auteurs (Creff, Saltin, Costill) recommande un niveau calorique assez modéré autour de 500 Kcal avec une forte prédominance en hydrates de carbone.

On retiendra que plus l'apport en lipides sera important et plus le temps de vidange gastrique et donc de digestion sera long. Ce nutriment ne semble d'ailleurs pas présenter d'intérêt au repas précompétitif.

Ce repas sera donc essentiellement glucido-protidique. La qualité des sucres devant le composer sera discutée plus loin. La prise d'un repas déclenche une certaine sécrétion d'insuline, hormone ayant pour rôle le stockage des sucres et des graisses et non pas leur utilisation. Ce constat physiologique peut faire considérer à juste titre, l'insuline comme une hormone « anti-activité » puisqu'elle favorise le stockage métabolique et non pas l'utilisation à des fins énergétiques.

C'est ce phénomène de sécrétion insulinique qui régit en grande partie l'élaboration de la nutrition pré-effort, avec la prise en compte :

— de la nature des différents sucres ;

— de l'index glycémique des aliments ;

— de l'intérêt ou non d'une ration d'attente.

Longtemps, il fut conseillé (Creff) de maintenir un apport glucidique régulier entre le dernier repas et le départ d'une épreuve : cette classique ration d'attente consistait le plus souvent à consommer une boisson sucrée toutes les heures jusqu'au départ.

La teneur en sucre s'est progressivement abaissée au fil des années pour aboutir actuellement à l'absence quasi-totale de glucides dans cette ration. En effet la prise d'un aliment sucré au repos déclenche une hyperglycémie physiologique et une insulino-sécrétion contemporaine qui peut dépasser, en fonction du type de glucide ingéré, son but et engendrer une hypoglycémie dite « réactionnelle », particulièrement néfaste évidemment si elle intervient en début d'exercice. Ceci explique que le consensus actuel recommande une simple hydratation en pré-exercice (Peronnet).

Les inconvénients étant liés à la sécrétion d'insuline par le pancréas, diminution d'utilisation des graisses (acides gras libres ou AGL), baisse de la glycémie et donc stocks glycogéniques plus vite entamés, il peut sembler intéressant durant cette période de proposer aux sujets qui ressentent les besoins d'une ration d'attente une solution à base de fructose à raison de trente grammes par litre. En effet, ce sucre rapide présente l'avantage de ne pas provoquer de sécrétion insulinique, et donc pas d'hypoglycémie réactionnelle. Par contre il faut savoir que le temps d'absorption et donc d'utilisation du fructose est plus important que pour le glucose et d'autre part sa tolérance digestive moins bonne surtout à haute dose.

D'autre part, son pouvoir sucrant supérieur d'environ 30 % par rapport au saccharose peut le rendre intéressant à utiliser par les sujets présentants une attirance vers le sucre, ceci permettant d'aboutir à une réduction des doses.

De toutes façons, les remarques à propos de cette régulation hormonale de l'état glycémique ne s'appliquent qu'à l'individu au repos et n'ont plus de raison d'être trente minutes après le début de l'exercice ou de l'échauffement, car alors la sécrétion insulinique est inhibée (Peronnet, Costill).

Nous savons qu'il existe plusieurs sortes de sucres donnant lieu à une classification biochimique en fonction de leur structure chimique, à savoir ;

— les monosaccharides ; glucose ou dextrose, le seul sucre que sait utiliser la cellule (toutes les autres nécessitent donc leur transformation en glucose sauf le fructose qui parvient dans le métabolisme à une étape intermédiaire) :

• fructose ou levulose,
• galactose ;
— les disaccharides :
• saccharose ou sucrose = constitué d'une molécule de glucose et d'une de fructose ;
• lactose = une molécule de glucose et une de galactose ;
• maltose = deux molécules de glucose.

L'ensemble des mono et disaccharides constituent les sucres simples ou rapides, cette classification faisant appel à leur structure chimique ou à leur vitesse d'assimilation par l'organisme ; sur un plan pratique, il est facile de les reconnaître dans notre alimentation car ils présentent un goût sucré évident qui les distingue des polysaccharides :

— les polysaccharides.

Ce sont des polymères de glucose, c'est-à-dire la mise bout à bout de nombreuses molécules de glucose (parfois jusqu'à plusieurs centaines de monosaccharides combinés).

EXEMPLES :

— l'amidon : sucre des pommes de terre et des produits céréaliers par excellence ;
— les maltodextrines : ce sont des fragments de polysaccharides résultant d'une prédigestion des amidons et donc de taille beaucoup plus petite en nombre de molécules. On en trouve dans le pain cuit ou d'autres produits céréaliers panifiés comme les biscottes ou certains biscuits.

Les polysaccharides constituent les sucres complexes ou lents. Leur distinction par rapport aux précédents peut également se faire par l'absence de goût sucré évident. A cause de cette structure biochimique, nécessitant une digestion plus ou moins longue en fonction de la taille de la molécule, découle la faculté d'une absorption intestinale plus ou moins rapide. Les polysaccharides nécessitent en effet une hydrolyse préalable pour donner des sucres simples, qui eux seuls seront assimilés. Longtemps, on a ainsi distingué les sucres dits « rapides » et ceux réputés « lents ». Cette distinction tombe un peu en désuétude depuis que l'on s'intéresse à la répercussion glycémique de l'ingestion des nombreux sucres, conséquence de leur action variable sur la sécrétion d'insuline.

Ainsi le glucose, sucre très insulinosécréteur, entraînant un pic hyperglycémique important et donc la possibilité d'hypoglycémie réactionnelle retardée, s'est vu attibué la valeur référence de 110 qui symbolise la valeur des sucres rapides.

A l'inverse, plus le chiffre d'index sera faible et plus on aura affaire à un sucre « à comportement lent » jusqu'à la valeur théorique de 0 attribuée à un produit inexistant qui ne modifierait pas du tout la glycémie.

Cette indexation a l'avantage de ne pas considérer la structure biochimique d'un sucre, mais son effet métabolique et de pouvoir ainsi prendre en compte les nombreux aliments dont nous disposons qui sont fréquemment constitués de l'association de plusieurs sucres et nutriments.

A titre d'exemple les pâtes ont un index de 50, le pain un index voisin de 70 et le fructose un index de 20. Ces index sont considérés après ingestion isolée de l'aliment et les choses se compliquent quand on considère l'effet d'un repas complet. C'est ainsi que l'on a constaté que la purée de pomme de terre se comportait comme un sucre rapide si elle est consommée isolement, alors qu'un sucre rapide consommé au sein d'une tarte en fin de repas pourra réagir comme un sucre lent.

En pratique, le dernier repas avant l'effort devra avoir l'index glycémique le plus faible possible (Thomas). Les chances d'hypoglycémie, pour une même charge en glucides, diminuant avec cet index. D'autre part la charge glucidique pour obtenir un effet sur la performance semblent devoir au moins être égales à 300 grammes (Sherman et Wright).

D'une manière générale toutes les collations devront viser à avoir un index glycémique le plus faible possible.

EXEMPLE DE REPAS :

Pamplemouse sucré
Blanc de poulet ou filet de poisson
Spaghettis ou riz
Yaourt
Pain
Eau à volonté

Le repas sera peu lipidique, car en plus du ralentissement de la digestion, l'excès de lipides entraîne une diminution de la captation du glucose par la cellule (Hargreaves).

4.1.2.4. LE SUCRE PENDANT L'EFFORT (voir schéma p. 119/120)

Nous venons de voir comment arriver à une épreuve avec des stocks glycogéniques maximaux, ceci quel que soit le niveau d'entraînement, en adaptant la quantité de glucides au volume, mais il s'agit maintenant de les épargner à l'effort.

• Si l'effort dure une heure ou moins aucun rapport exogène de sucre n'est nécessaire, du moins si les conditions préalables ont été respectées.

ORIGINES DU GLUCOSE À L'EFFORT

à puissance constante

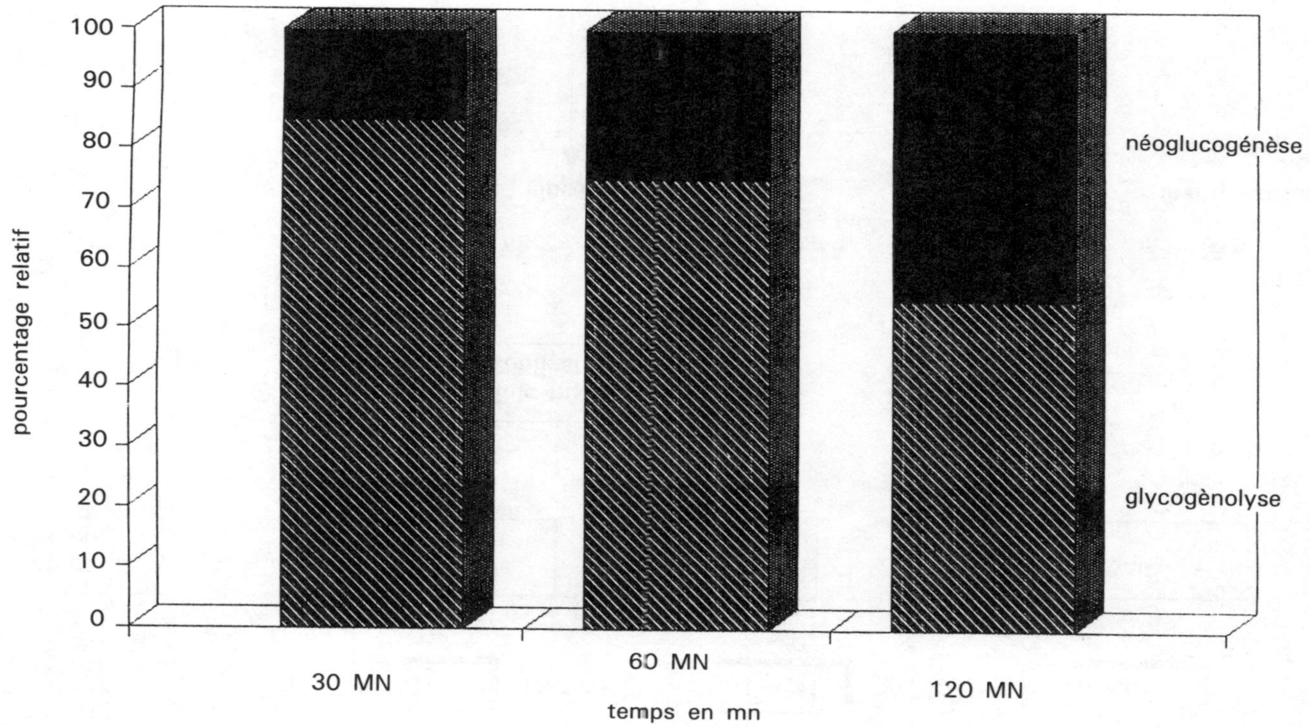

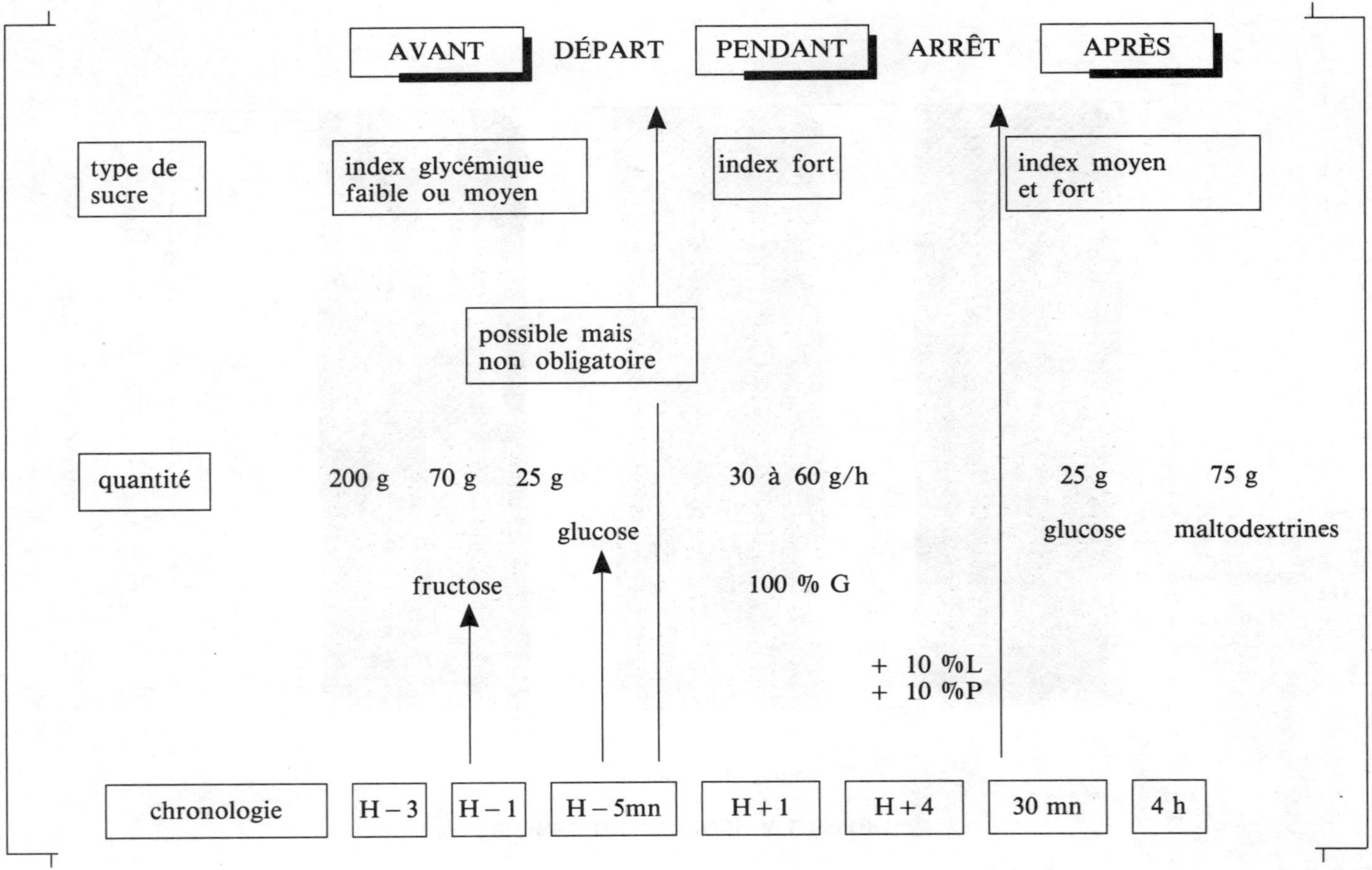
AVANT
DÉPART
PENDANT
ARRÊT
APRÈS
type de sucre
index glycémique faible ou moyen
index fort
index moyen et fort
possible mais non obligatoire
quantité
200 g
70 g
25 g
30 à 60 g/h
25 g
75 g
glucose
fructose
100 % G
+ 10 %L
+ 10 %P
glucose
maltodextrines
chronologie
H – 3
H – 1
H – 5mn
H + 1
H + 4
30 mn
4 h

• Entre une heure et deux heures, c'est l'intensité de l'exercice qui décidera de l'utilité ou non d'un tel apport. En pratique, si l'on veut épargner ses stocks glycogéniques, on consommera un apport sucré.

• Par contre, à partir de deux heures d'exercice, l'apport glucidique devient obligatoire, repoussant de façon très sensible le seuil de fatigue pour une même intensité de pratique (Coyle ; Coggan) et épargnant le stock de glycogène musculaire (Hargreaves et Briggs ; Mitchell ; Noakes), à la condition que l'apport précède d'au moins trente à quarante cinq minutes la déplétion totale : ici encore il faut donc mieux prévenir que guérir, faute de quoi la restauration glucidique serait trop tardive et incomplète.

Il semble que les besoins soient moindres en course à pied qu'en cyclisme à la lumière de travaux récents (Maughan ; Coggan). On connaît ainsi plusieurs marathoniens de niveau mondial qui préfèrent ne boire que de l'eau pure pour des temps de course compris entre deux heures dix et deux heures cinquante. Les changements de rythme étant moins importants qu'en cyclisme, on peut émettre l'hypothèse que l'utilisation lipidique est supérieure et donc, par voie de conséquence, la sollicitation glucidique moindre.

Au début de l'exercice, l'énergie de l'oxydation des hydrates de carbone provient pour une large part du glycogène musculaire ; au fur et à mesure que ces stocks s'amenuisent, la participation du glucose circulant s'accroît pour devenir majoritaire en fin d'exercice. Il est donc clair que, sans apport exogène pendant l'effort, la seule source possible est hépatique par l'intermédiaire de la glycogénolyse et de la néoglycogenèse (à partir de l'alanine, du pyruvate ou du lactate), source dont la capacité de production est faible.

Une prise glucidique pendant l'effort garantit un taux circulant de glucose suffisant pour assurer une captation cellulaire et donc une épargne des processus hépatiques et des stocks de glycogène musculaire, donc un prolongement possible du temps d'effort, malgré une oxydation glucidique maintenue ou supérieure (Muray). Pour assurer une glycémie stable la consommation d'hydrates de carbone devra se faire à intervalles réguliers et débuter après trente à quarante-cinq minutes d'effort (avant ce laps de temps une sécrétion insulinique est encore possible). La quantité de sucre en perfusion intra-veineuse à l'exercice, qui permet de maintenir cette glycémie en laboratoire, se situe à un gramme de glucose par minute. Cette valeur semble correlée aux possibilités d'oxydation glucidique à l'effort trouvé par plusieurs auteurs aux environs de cinquante grammes par heure (Pirnay, Lefèvre).

En fonction de l'intensité d'exercice, entre trente et soixante grammes par heure semblent donc raisonnables, ce qui nous donnera des concentrations de solution variables en fonction de l'apport hydrique.

En effet, le devenir de la partie non oxydée à l'effort étant encore incertain, mais probablement transformée en triglycérides dans le tissus adipeux pour une part, il n'est pas souhaitable de dépasser cette consommation.

C'est dans les sports à intensité intermittente que cet approvisionnement glucidique pendant l'effort est le plus avantageux car en plus d'apporter un substrat énergétique il permet une resynthèse de glycogène musculaire accrue dans les phases de faible intensité (Brouns).

Contrairement à ce que pensaient de nombreux auteurs depuis plusieurs années, le temps de vidange gastrique à l'effort n'augmente pas avec la teneur en sucre, du moins jusqu'à certaines concentrations et peut même diminuer : des solutions à 10 % permettent ainsi une évacuation gastrique d'un litre par heure supérieure aux capacités intestinales d'absorption de l'eau. En pratique, 500 ml d'eau, additionnés de quarante grammes de sucre, pourront être bus chaque heure à raison de 125 ml (un verre) par quart d'heure.

En ce qui concerne le type de sucre à choisir, il faut noter qu'aucune étude récente n'a mis en évidence de différence significative entre le saccharose, le glucose ou les maltodextrines (Massicotte ; Murray) ; de même en ce qui concerne la forme solide ou liquide de ces ingestions, et c'est donc sur la tolérance et le goût individuel que l'on devra se baser.

Les solutions conservent pour nous l'avantage énorme de contribuer également à l'hydratation et d'autre part les maltodextrines celui d'être bien tolérées à long terme en présentant une saveur sucrée moindre que les autres sucres.

Nous devons évoquer ici le fructose qui ne semble pas présenter les mêmes avantages pendant l'effort que les autres sucres cités aussi bien au niveau de son oxydation que de son utilisation pour régénérer les stocks glycogéniques (Murray). En effet, les intolérances digestives semblent plus fréquentes, son oxydation est plus lente et sa restauration du glycogène moins efficace. C'est donc essentiellement en pré-effort que ce sucre manifeste ses avantages.

En définitive, à l'effort, c'est vers les aliments à fort index glycémique que l'on devra s'orienter contrairement à ce qu'il faut faire avant l'effort.

4.1.2.5. LA RESTAURATION GLYCÉMIQUE

Malgré une alimentation bien conduite pendant l'exercice, l'amputation des stocks glycogéniques est obligatoire, mais variable avec l'intensité à laquelle l'effort a été conduit, et nécessite donc un rééquilibrage après l'effort.

Deux choses nous semblent ici essentielles : la nécessité d'une récupération active qui en plus de ses nombreux avantages physiologiques va permettre une resynthèse plus rapide du glycogène musculaire et d'autre part le respect d'un délai chronologique après l'effort pour une restauration maximale des stocks, à savoir environ deux heures.

Après un effort exténuant (2 à 3 heures à 70 % de VO_2 max ou 20 à 30 minutes à 100-120 %) on sait que le retour des stocks de glycogène musculaire à leur valeur initiale demande au moins quarante-huit heures et parfois soixante-douze avec un régime suffisamment riche en hydrates de carbone (60 % de l'apport énergétique total). Ceci n'est pas un problème dans le cas d'une épreuve d'effort unique ; par contre l'inconvénient devient majeur, s'il s'agit d'épreuves se succédant plusieurs jours de suite, le cas le plus évident étant constitué par les courses cyclistes à étapes. La nécessité d'une restauration complète et rapide devient, en effet, primordiale pour conserver son capitale glycogénique. C'est aussi le cas d'un sujet qui s'entraîne quotidiennement à des intensités entravant ses stocks et qui devra donc augmenter ses apports glucidiques (jusqu'à 65 % de l'apport énergétique total) (Costill ; Kizman).

Le rythme habituel de reconstitution glycogénique est d'environ 5 % par heure. Tout se passe comme si l'activité enzymatique de la glycogène synthétase (enzyme qui catalyse la réaction chimique de reconstitution du glycogène) était inversement proportionnelle à la concentration musculaire en glycogène : ainsi plus l'appauvrissement est important et plus la vitesse initiale de synthèse est grande.

Ce phénomène est encore accru par une activité modérée (récupération active), voire jusqu'à 50 à 60 % de la puissance maximale pour certains auteurs.

Le régime présente, bien entendu, une incidence sur cette resynthèse, en fonction :
— de la quantité ingérée ;
— du type d'hydrate de carbone consommé ;
— du moment de l'ingestion par rapport à l'arrêt.

• **La quantité ingérée :**

L'augmentation des doses d'hydrates de carbone consommées après l'exercice accroît le taux de synthèse jusqu'à 5 à 6 % par heure pour 50 grammes de glucides ingérés par tranche de deux heures (2 % pour 25 g). Au-dessus de cette quantité, les valeurs plafonnent même après perfusion intra-veineuse de glucose (à 100 g/2 h) ce qui élimine une limitation due à l'absorption intestinale, celle-ci étant shuntée par la perfusion (Reed).

Cette valeur de 50 g d'hydrates de carbone par deux heures constitue donc la recommandation actuelle.

En pratique, il est conseillé que cet apport se fasse par fraction de 25 g toutes les heures durant les trois premières heures et ensuite par apport cumulé portant sur quatre ou six heures en fonction des repas ou des collations.

• **Le type d'hydrates de carbone :**

En respectant cet apport de 50 g/2 heures, le glucose et le saccharose semblent aboutir au même résultat sur la resynthèse de glycogène, l'hydrolyse du saccharose en glucose plus fructose limitant peut-être la captation hépatique du glucose.

En revanche, si le fructose est utilisé isolément, le taux maximal ne dépasse pas 3 % par heure. On pourrait alors être tenté de penser que notre choix doit ici comme à l'effort se porter sur des éléments à index glycémique élevé ; en fait des études montrent la similitude de comportement vis-à-vis de la synthèse glycogénique du riz (faible index) et des maltodextrines (fort index) (Coyle).

A la lumière de ces résultats encore partiels, il semble raisonnable de proposer que moins d'un tiers des hydrates de carbone consommés soit à faible index glycémique (à savoir environ 200 g sur les 600 g consommés sur 24 h).

• **Le temps d'ingestion :**

Dans les deux premières heures qui suivent la fin de l'exercice, la synthèse glycogénique est accrue jusqu'à 7 à 8 % par heure. Il semble donc que la consommation de boissons fortement sucrées soit parfaitement licite à ce moment-là, contrairement à ce que beaucoup pensent.

Ainsi la consommation d'un soda classique (25 cl) apportera environ 25 g de glucides participant à la restauration des deux premières heures.

D'autre part, si la quantité globale d'hydrates de carbone sur 24 heures doit se rapprocher de 600 grammes pour une reconstitution maximale, la fragmentation en nombreuses prises ou en deux repas ne montre pas de différence significative (Costill).

En pratique, les 50 grammes des deux premières heures pourront être amenés pour moitié par un soda (25 cl) et pour une autre moitié par une alimentation solide (barre de céréales par exemple). La couverture d'une nuit de dix heures imposera donc un diner assurant 250 grammes d'hydrates de carbone.

Si les graisses doivent être limitées au cours de ce repas en allongeant le temps de digestion et procurant plus rapidement une sensation de réplétion qui limitera une consommation suffisante d'hydrates de carbone, la présence de protéines ne doit pas être exclue du fait du besoin qui existe après l'effort.

4.1.3. L'ACIDOSE

Dès les premiers balbutiements de la biologie du sport, l'acide lactique a été considéré comme un composé responsable de la fatigue musculaire, des courbatures et de tous les désagréments liés à des exercices intenses et prolongés. Biochimiquement, le rôle de la partie acide (le proton) est pourtant bien distinct du rôle de l'anion lactate. L'anion lactate peut être considéré comme relativement inoffensif sur le muscle. Tout au plus peut-il moduler le fonctionnement des enzymes, en particulier en se comportant comme un effecteur allostérique. Ce lactate peut en fait être considéré comme un intermédiaire métabolique hautement énergétique lorsqu'il est intégrable dans le cycle de Krebs après retransformation en pyruvate, puis en acétyl CoA lorsque les conditions d'une aérobie suffisante sont réunies. L'effet délétère de l'acide lactique vient en fait du proton H+ dont l'accumulation, dans des conditions que l'on verra, provoque une acidification du milieu. La plupart des chercheurs considère aujourd'hui que l'acidose est le principal facteur limitant de la contraction musculaire. L'accumulation des protons parallèlement à celle d'autres composés, comme les phosphates inorganiques, réduit le nombre de ponts qui peuvent exister entre les deux principales protéines contractiles du muscle et diminue de ce fait l'aptitude du muscle à sc contracter. Cette explication a surclassé les précédentes qui évoquaient la baisse de la pression particlle en oxygène au niveau tissulaire ou la baisse de la disponibilité en ATP. Ces trois explications étant néanmoins liées dans la mesure où l'inaptitude relative des phosphorylations oxydatives à fournir la quantité d'ATP nécessaire à la contraction musculaire au-dessus d'une certaine puissance, induit l'activation de la glycolyse anaérobie qui ne fournit par elle-même que de l'ATP, du lactate et très peu de protons. La majorité des protons en situation de puissance submaximale ou maximale vient en fait de l'hydrolyse de l'ATP. Plus précisément, l'accumulation se produit progressivement à partir du moment où la vitesse d'hydrolyse de l'ATP est plus grande que la vitesse de régénération de l'ATP. Biochimiquement ceci peut être exprimé de la façon suivante :

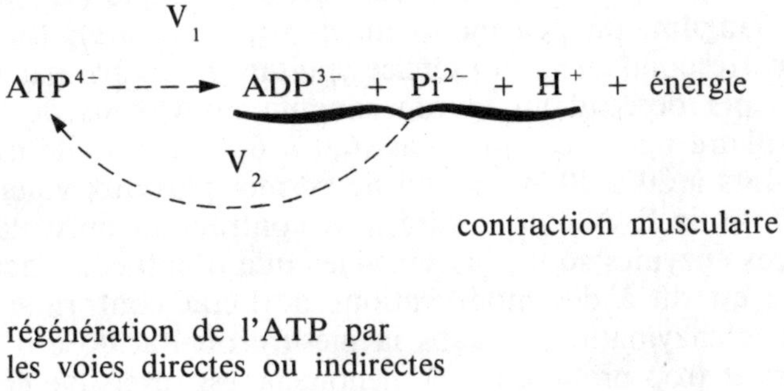

tant que $V_1 = V_2$ il n'y a pas d'accumulation de protons donc l'équilibre acido-basique est préservé. Seuls les paramètres ventilatoires peuvent modifier rapidement l'équilibre acido-basique du sujet. Cette situation accompagne les exercices à puissance faible en moyenne.

Lorsqu'on approche de la puissance maximale du sujet, V_1 devient supérieur à V_2. Des protons s'accumulent qui, dans un premier temps vont être tamponnés par les bicarbonates présents dans notre organisme selon la réaction :

$$H^+ + HCO_3^- \dashrightarrow H_2CO_3 \begin{cases} \nearrow CO_2 \text{ à éliminer par la ventilation} \\ \searrow H_2O \text{ eau endogène} \end{cases}$$

La capacité de ce système de compensation est limitée et l'acidose apparaîtra au fur et à mesure de la disparition du stock de bicarbonate. A noter le rôle très important de la ventilation qui, à ce haut niveau de puissance, doit non seulement continuer à assurer des apports d'oxygène maximum pour maintenir le plus haut niveau de phosphorylation oxydative, mais aussi doit éliminer un maximum de gaz carbonique pour diminuer la quantité d'acide carbonique de l'organisme.

Outre son effet régulateur sur le nombre des ponts disulfures donc sur la force de contraction, l'acidose possède d'autres effets qui retentissent plus ou moins directement sur la contration musculaire et sur l'état fonctionnel ultérieur du muscle. Au niveau du calcium cellulaire, l'acidose produit d'importantes modifications dans le passage du calcium de sa forme liée à sa forme libre et vice versa. Cela retentit sur l'excitabilité de la cellule, sur la transmission intracellulaire des signaux et, à la fin du compte, diminue les aptitudes à la contraction. Au niveau des enzymes, l'acidose possède un effet inhibiteur très important. Pour la plupart des enzymes, l'activité catalytique est maximale (100 %) à de pH proche de la neutralité biologique (7,4 unités pH au niveau sanguin, un peu moins au niveau tissulaire). En situation d'acidose correspondant à un exercice épuisant réalisable par tout sujet normal, le pH descend au niveau sanguin au-dessous de 7,2 et au niveau tissulaire nettement plus bas (6,0 à 6,8). L'activité catalytique s'abaisse alors à 20 à 30 %, ce qui ne permet plus aux voies métaboliques de fournir l'ATP nécessaire à la contraction musculaire. Certaines de ces enzymes sont plus sensibles que d'autres à l'acidose. Ce phénomène est dû à des modifications de l'état conformationnel de ces protéines enzymatiques. Dans la mesure où l'acidose n'a pas été trop intense et trop prolongée, ce phénomène est reversible et l'enzyme récupérera en quelques minutes ou quelques dizaines de minutes ses propriétés catalytiques maximales. Les protéines structurales et contractiles sont elles-mêmes sensibles au pH. La répétition de phases d'acidose intense et prolongée écourte leur durée de vie et active leur renouvellement (VCC).

Au niveau du sang, l'acidose possède de nombreux effets nocifs dont certains sont imparfaitement connus. La durée de vie des globules par exemple est vraisemblalement écourtée obligeant la moelle osseuse à un surcroît de travail qui va augmenter les besoins de l'individu en fer et en acides aminés. L'acidose s'ajoutant à la déshydratation va favoriser la précipitation de l'acide urique dans certains compartiments et favorisent de ce fait très probablement l'apparition des tendinites, des enthésites et des périostites (VCC).

L'acidose apparaît donc comme la bête noire du sportif. La répétition des entraînements et des compétitions entraîne chez le sportif une tolérance psychique et neurologique sans doute liée à l'augmentation de certaines endorphines. Cette tolérance permet au sportif de mieux supporter sa pratique, mais cela ne signifie pas que les phases d'acidose aient moins d'effets nocifs. Ceci explique sans doute pour une bonne part la regression des performances observées à certains moments chez certains sportifs.

L'ensemble de ces éléments constituent un faisceau d'arguments pertinents en faveur de la récupération active immédiatement après les exercices acidifiants. En effet, si dans de nombreuses disciplines sportives la performance est indissociable de l'état d'acidose, la sauvegarde des aptitudes ultérieures du sportif passe par la mise en œuvre précise et efficace d'exercices qui vont rétablir le plus rapidement possible un équilibre acido-basique normal. Les connaissances approfondies établies depuis plusieurs décennies, mais insuffisamment mises en application, indiquent que le rééquilibrage acido-basique le plus rapide peut être obtenu en impliquant le plus précocément possible simultanément la fonction ventilatoire en procédant à une hyperventilation volontaire associée à la poursuite d'un travail à 50 % de la puissance maximale. Quelques minutes (5 à 7 minutes) sont alors suffisantes pour ramener le pH général dans la zone de protection, c'est-à-dire au-dessus de 7,35 de pH au niveau plasmatique. La restauration des stocks de bicarbonates prendra plusieurs dizaines de minutes supplémentaires. Mais il n'y a plus d'urgence de l'instant que le pH est normalisé.

Depuis fort longtemps (1936), les chercheurs ont tenté de minimiser ce phénomène en tentant d'augmenter la réserve alcaline des sujets (stock de bicarbonate) pour améliorer leur capacité anaérobie. Le principe s'est avéré exact, mais d'efficacité relativement faible compte tenu que l'équilibre acido-basique est un système régulé au niveau du sang, du poumon et du rein. L'acidité de l'estomac limite la prise orale de composés alcalins et les autres voies d'administration sont d'usage inadapté. Toutefois les apports de produits alcalins, si limités soient-ils quantativement ne doivent pas être négligés en particulier au cours de la récupération (VCC).

Aucun type d'entraînement n'est susceptible d'augmenter le stock de bicarbonate de notre organisme aussi bien au niveau sanguin qu'au niveau musculaire. Certains résultats expérimentaux permettent néanmoins de penser que les cinétiques de compensation s'opèrent plus rapidement par des échanges membranaires plus rapides et une activité supérieure au niveau des systèmes enzymatiques (anhydrase carbonique). Les moyens dynamiques de cette lutte contre l'acidose seraient donc améliorés chez les sportifs à condition que la ventilation d'effort et de récupération (voir plus haut) soit d'efficacité optimale.

4.1.4. L'EAU. LES ÉLECTROLYTES. LA DÉSHYDRATATION. LA RÉHYDRATATION

4.1.4.1. LA RÉPARTITION DE L'EAU. SUDATION. DÉSHYDRATATION

La déshydratation d'exercice vient au premier rang des facteurs limitants à l'effort. L'importance de l'eau tient à deux faits :

— quantitativement, c'est le premier constituant de l'organisme, puisque sa teneur varie de 60 % à 85 % en fonction de l'âge ;

— l'eau est le facteur essentiel de la thermorégulation pendant l'activité physique.

Nous savons que toute activité motrice nécessite la production d'énergie qui provient de la transformation d'énergie chimique en énergie mécanique. Malheureusement pour nous, le rendement de cette transformation ne dépasse pas 25 %, le reste étant dégagé sous forme d'énergie thermique donc de chaleur.

Ainsi la production énergétique de 50 calories provoque une élévation thermique corporelle de 1° Celsius.

Sans mécanisme de régulation, la température corporelle atteinte serait très rapidement incompatible avec la vie.

La régulation thermique fait appel à quatre mécanismes :

— la conduction ;

— la radiation ;

— la convection ;

Ces trois mécanismes vont dépendre de la température ambiante et de notre habillement.

— l'évaporation.

C'est le système sudoral qui assure cette fonction. Trois facteurs devront être pris en considération :

— la température ;
— le degré d'humidité ;
— le vent.

Ainsi un joueur de football pourra perdre 1 litre par heure à 18° C alors que sa déperdition hydrique pourra dépasser 3 litres à 28° C. L'eau représente donc le maillon essentiel de la thermorégulation. En effet, secrétée sous forme de sueur (eau + éléments minéraux), elle entraîne, par évaporation, un refroidissement de l'enveloppe corporelle et ensuite, grâce aux échanges internes, un abaissement de la température corporelle globale.

L'entraînement des athlètes affecte aussi leur résistance vis-à-vis de l'hyperthermie : des études ont montré que plus un sportif est entraîné et plus sa sudation débute tôt dans l'effort et est importante en volume. Le système de dissipation thermique étant plus efficace, son rendement énergétique métabolique est amélioré.

Il faut insister sur le fait qu'il s'agit d'une transpiration efficace et donc pas forcément visible, en effet la sueur qui ruisselle ou est piégée dans les vêtements est parfaitement inefficace : c'est seulement l'évaporation de la sueur qui provoque le refroidissement, à raison de 600 calories par litre de sueur évaporée.

Le choix de vêtements adaptés doit donc privilégier cette évaporation, et l'usage de textiles modernes tels que le goretex est particulièrement utile. Attention, à l'inverse, à la pratique d'une activité physique muni d'une combinaison étanche, comme on peut le voir pratiquer dans de trop nombreuses salles dites de « remise en forme » ; l'objectif, avoué ou non, de faire perdre du poids n'aboutit dans tous les cas qu'à une déshydratation, mais jamais à une perte de masse grasse. Cette pratique est donc non seulement dangereuse, mais parfaitement inefficace.

Donc, contrairement aux idées fréquemment répandues, plus un individu est entraîné et plus il doit boire, mais on sait également que l'entraînement favorise une sueur plus hypotonique c'est-à-dire moins chargée en éléments minéraux, et épargne donc la perte en électrolytes.

A partir de ces données certains ont été tentés de s'entraîner à l'hyperthermie : ainsi le sauna provoque une sudation assez équivalente à celle de l'exercice physique, et permet de multiplier le nombre de glandes sudoripares ; bien utilisé (température non excessive aux alentours de 80° C et durée brève) il peut donc être tout à fait utile en plus de la sensation bénéfique au niveau de la relaxation.

Des séries d'expériences essayant de mettre en évidence la répercussion des pertes hydro-électrolytiques et de l'hyperthermie sur la performance ont également été pratiquées (Nielsen).

La perte d'eau pure est testée en faisant appel aux diurétiques (médicaments produisant une diurèse accrue), la perte d'eau et d'électrolytes après un séjour en sauna, et l'hyperthermie pure après séjour dans un bain très chaud ; enfin un exercice sur bicyclette ergométrique réunit les conditions de perte d'eau, d'électrolytes, d'hyperthermie et d'épuisement des substrats. La réduction de capacité physique est analogue après perte d'eau pure ou hyperthermie isolée ; elle est un peu plus importante après perte d'eau et d'electrolytes, et enfin elle est la plus importante après épreuve sur vélo de 2 heures.

Ceci montre que si une efficacité physique optimale est requise à la fin d'un effort prolongé (course cycliste par exemple), il sera nécessaire de lutter contre tous les facteurs précités et que le plus performant sera celui qui connaîtra le niveau de déshydratation le moindre et les stocks glycémiques les meilleurs.

Comment se passe cette perte d'eau à l'effort ?

L'eau est inégalement répartie dans l'organisme : sa teneur varie de 70 % dans le tissu musculaire à moins de 25 % dans le tissu adipeux ; on constate immédiatement que plus un individu aura une masse grasse relative élevée et moins sa teneur hydrique sera importante. La moindre tolérance des sujets obèses à l'effort s'explique en partie par ceci.

On distingue deux compartiments hydriques dans l'organisme :

— l'eau intra-cellulaire = 62 % ;

— l'eau extra-cellulaire = 38 % (plasma, lymphe, salive, liquide interstitiel, humeur des yeux, sécrétions diverses...).

Il existe une homéostasie hydrique au repos qui fait que les apports compensent les pertes, si ceux-ci sont suffisants. A l'effort, cette homéostasie est imparfaite et nécessitera une compensation immédiate dès l'arrêt de l'effort. Plusieurs auteurs (Hermansen, Costill) (voir schéma p. 131) ont montré l'influence de cette perte d'eau sur la performance ; ainsi une déshydratation de 1 % du poids du corps, soit environ une heure sans boire, va générer une perte de la capacité de travail de l'ordre de 10 % par rapport à l'état initial ; une perte de 2 %, une baisse analogue de 20 %. Pour une perte de 10 % du poids, la perte de conscience est assurée et peut être mortelle. L'explication de cette baisse de capacité tient aux remaniements internes que provoque la fuite hydrique. Initialement, l'eau et les électrolytes que contient la sueur proviennent du secteur extra-cellulaire, mais un rapide rééquilibrage entre secteurs intra et extra-cellulaires intervient afin de maintenir aussi longtemps que possible le volume sanguin circulant, essentiel pour l'approvisionnement des muscles au travail. Ainsi la majorité des pertes proviennent du milieu intra-cellulaire et contribuent à créer une souffrance de la cellule qui va modifier les métabolismes et aggraver les phénomènes dus à l'acidose.

LA CAPACITÉ DE TRAVAIL DIMINUE AVEC LA PERTE D'EAU

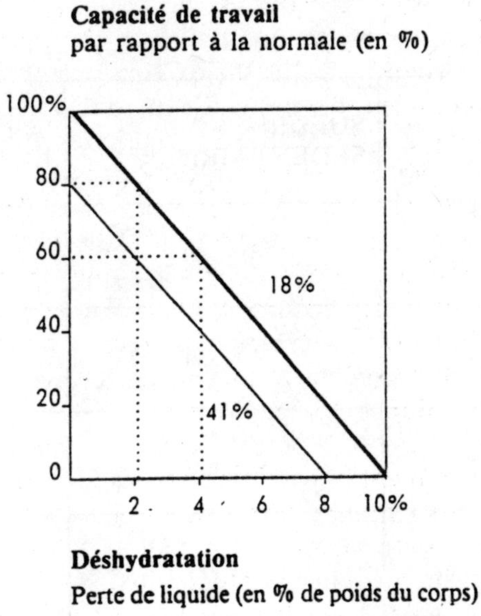

(d'après L. HERMANSEN).

D'autre part, les pertes en eau dans la sueur étant supérieures aux pertes en électrolytes, les milieux extra-cellulaires tendent à devenir hypertoniques (plus concentrés). Ce déséquilibre osmotique génère un appel d'eau du milieu intra vers le milieu extra-cellulaire pour tendre vers une égalisation des concentrations ; ce qui va contribuer à encore augmenter la déshydratation intra-cellulaire. Il est important de retenir cette notion fondamentale pour comprendre l'importance de la concentration des solutions de réhydratation.

Les teneurs exactes des différents électrolytes (Na, Cl, K, Mg, Zn...) dans la sueur sont variables entre deux individus et en fonction de la situation chez un même individu, ou encore à des localisations différentes.

Pourtant des valeurs moyennes sont couramment admises : voir tableau p. 132.

Les teneurs respectives vont également varier en fonction du débit sudoral : plus ce débit sera élevé et plus la concentration relative en Na et Cl tend à croître par rapport à celles de K, Ca et Mg.

CONCENTRATIONS MINÉRALES MOYENNES DANS LE SANG
ET LA SUEUR
EN FONCTION DE L'ADAPTATION AU SPORT

SANG		SUEUR SÉDENTAIRE	SUEUR SPORTIF ENTRAINE
K	4 g/l	0.2 g/l	0.1 g/l
Na	6.1 g/l	3.5 g/l	1.8 g/l
Mg	0.1 g/l	0.1 g/l	0.1 g/l
Cl	2.9 g/l	1.4 g/l	0.9 g/l

A titre d'exemple, une déshydratation importante de 4 litres entraîne des pertes ioniques assez minimes :

Na 155 moins de 7 %
K 16 moins de de 1,2 %
Cl 137 moins de 5 %
Mg 13 moins de 1,2 %

D'autre part, des redistributions ioniques ont lieu pendant l'effort : c'est notamment le cas du potassium qui quitte les cellules musculaires actives pour contribuer à augmenter le pool circulant et une partie de ce potassium est recapté par les cellules musculaires inactives. Ces différents mécanismes permettent d'épargner le stock total de l'organisme et, pendant la récupération, la restitution des états initiaux grâce à un relargage de la part des cellules où la teneur est importante.

Ainsi actuellement aucune étude n'a pu prouver un besoin spécifique de potassium pendant l'effort ou même en récupération.

La conservation du capital ionique à l'effort se fait aussi par la régulation rènale : il existe en effet une baisse du débit urinaire qui passe de valeur proche de 50 ml/heure au repos à une valeur voisine de zéro à l'exercice. Un facteur de régulation hormonale intervient également : une sudation importante et une déshydratation provoquent une libération d'aldostérone par les surrénales et d'ADH (hormone anti-diurétique qui bloque la diurèse) ; ceci va stimuler la réabsorption rénale du Na et du Cl et peut expliquer une augmentation du pool total de l'organisme lors de la récupération.

En pratique, on retiendra surtout que la sueur reste toujours hypotonique par rapport au plasma et que c'est donc avant tout d'eau dont l'organisme aura besoin à l'effort.

4.1.4.2. LA COMPENSATION PHYSIOLOGIQUE

Le phénomène naturel qu'induit toute perte hydrique aboutissant à une déshydratation intra-cellulaire est la soif. Cependant, si la soif suffit généralement à satisfaire les besoins de l'organisme au repos, dans la mesure où nos habitudes nutritionnelles ou les contraintes de la vie courante ne viennent pas s'y opposer, il n'en est pas de même à l'effort.

Il est important de remarquer ici l'effet pervers que peut jouer une éducation souvent restrictive vis-à-vis de la boisson ; en effet, dès le plus jeune âge les messages négatifs ne manquent pas :

« Ne bois pas avant de manger, ça coupe l'appétit... »
« Ne bois pas avant d'aller au lit... »
« Ne bois pas quant tu es en transpiration... »
« Ne bois pas pendant l'effort... »

Ces nombreux messages reçus participent certainement à une attitude relativement réfractaire par rapport à la prise de boissons, et contre laquelle nous devons lutter. De toute façon la soif est une sensation retardée qui n'intervient que pour une perte hydrique équivalente à 1 %, soit 0,7 l.

D'autre part, la sensation de soif cesse avant la restitution hydrique complète et crée donc également un déficit.

A ceci s'ajoute chez le sportif entraîné une certaine accoutumance à la sensation de soif (qui n'a rien à voir avec une meilleure tolérance) du fait sans doute de la fréquence répétée des épisodes de déshydratation. Cette sensation de soif a donc tendance à s'émousser et le sportif devra donc encore plus qu'un autre se forcer à boire, d'autant plus que comme nous l'avons vu ses pertes seront souvent majorées. En effet, l'exercice physique stimule moins la soif que la simple chaleur ambiante, et il ne faudra donc jamais se contenter de boire à sa soif, mais boire au-delà de sa soif.

En effet pour des pertes inférieures à 500 ml la soif permet une compensation partielle aux environs de 350 ml, par contre à partir de pertes égales ou supérieures à un litre, à peine la moitié de celles-ci seront compensées. Ce phénomène a reçu le nom de « déshydratation volontaire d'exercice ».

Le mécanisme physiologique de compensation s'avère donc dépassé à l'effort, et il est essentiel que le sportif se force à boire avant d'avoir soif lors d'exercices, dès que ceux-ci dépassent trente minutes et ceci quelles que soient les conditions climatiques. Que boire et comment boire à l'effort ? C'est ce que nous allons maintenant envisager dans le paragraphe suivant.

4.1.4.3. LA BOISSON A L'EFFORT

Comme nous l'avons vu, deux éléments diététiques constituent des facteurs limitants à l'effort : ce sont l'eau avant tout et ceci quel que soit le type d'exercice, et ensuite le sucre dont le besoin peut varier avec le mode de pratique.

La question que l'on doit logiquement se poser devra être : qui de l'eau ou du sucre veut-on privilégier ?

En effet, pour certaines concentrations l'absorption de l'eau ou du sucre pourront se contrarier.

On a longtemps cru que toute adjonction de sucre à la boisson d'effort ralentissait son assimilation ; on sait actuellement que les choses ne sont pas aussi simples et surtout peuvent différer d'un sport à l'autre. Ainsi la tolérance à des solutions concentrées est beaucoup plus grande pour le coureur de pied que pour le cycliste par exemple. La différence provient probablement des sollicitations mécaniques très différentes (ballotements ou trépidations).

En ce qui concerne l'eau, il faut savoir que son absorption est intestinale, et qu'elle est quantitativement limitée à l'effort : elle peut varier entre 10 et 15 ml par kilo de poids corporel et par heure, soit pour la plupart des individus entre 600 ml et un litre à l'heure. C'est la vidange gastrique qui régule ce phénomène, ne délivrant l'eau dans l'intestin que par petites quantités.

On constate que ces apports pourront rapidement être insuffisants et ne compenseront pas les pertes, indépendamment du facteur de déshydratation volontaire d'exercice déjà évoqué.

Il ne servira à rien non plus de boire exagérément, l'eau emmagasinée dans l'estomac n'étant pas plus utile à l'organisme que dans la gourde. Du point de vue de l'assimilation intestinale proprement dite, c'est l'eau pure ou légèrement salée (moins de 1 g par litre) qui passe le plus rapidement.

Du côté du sucre nous avons vu que la capacité maximale d'utilisation par l'organisme était comprise entre 50 et 60 grammes par heure.

La combinaison des deux données précédentes aboutit à des solutions d'effort dont les concentrations théoriques seraient comprises entre 40 g/l (50 g dans 1 200 ml) et 100 g/l (50 g dans 500 ml) avec tous les intermédiaires possibles.

Le choix d'une concentration entre eau et sucre reposera sur plusieurs critères, la question étant : veut-on favoriser l'apport en énergie ou en eau ?

— la température ambiante : plus elle sera élevée et plus on privilégiera l'hydratation, c'est-à-dire les solutions les moins concentrées ;

— l'intensité de l'exercice : plus elle sera importante et plus on augmentera la concentration, en restant bien sûr dans la fourchette indiquée ;

— la durée : ce facteur sera pris en compte de façon parallèle au précédent ;

— l'état des stocks initiaux en glycogène : plus ces stocks seront faibles et plus l'apport glucidique devra être important.

LE POUVOIR OSMOTIQUE

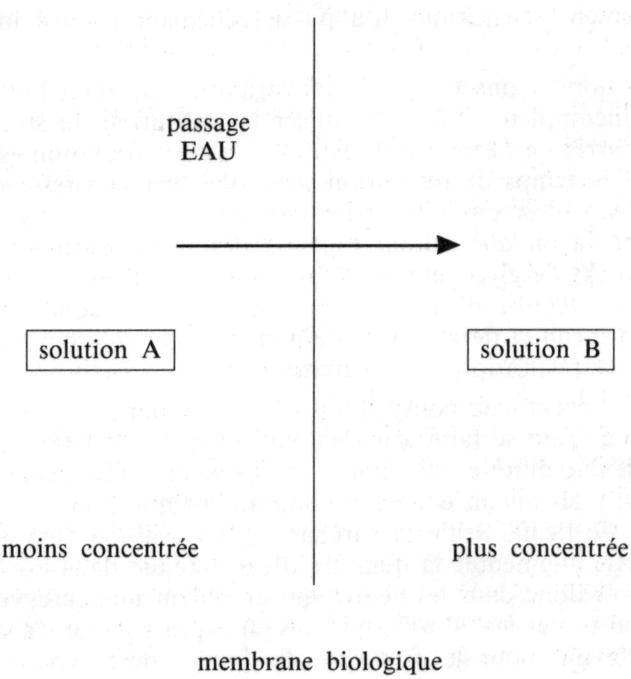

L'osmolarité de la solution ingérée est également très importante, c'est-à-dire le nombre de molécules que celle-ci va contenir. Cette caractéristique va conférer à la solution un pouvoir osmotique différent (voir graphique p. 135).

Les solutions isotoniques du commerce ont pour but de minimiser les mouvements d'eau dus aux variations de pression osmotique. Du fait de la législation sur les produits diététiques de l'effort, leur charge en éléments minéraux ou vitaminiques est bien souvent excédentaire et en tous cas inutile. On sait en effet qu'une solution concentrée bue à l'effort est source de désagréments gastriques ou intestinaux, et participe moins efficacement à une bonne réhydratation.

A ce propos, on peut citer la solution de réhydratation de l'« American College of Sports Medicine » qui préconise 25 g de sucre, moins de 0,6 g de NaCl et moins de 0,2 g de potassium par litre de solution. L'ajout très modéré de sel permet une vidange gastrique accélérée.

Au-delà de 2 litres de pertes hydriques, l'introduction de sel (NaCl) sera obligatoire pour compenser les pertes et surtout éviter une intoxication à l'eau (mauvaise répartition de l'eau dans l'organisme par excès d'ingestion d'eau pure) qui peut survenir pour des réhydratations à l'eau pure dépassant 3-4 litres. Ceci ne justife en aucun cas la prise de tablettes de sel avant, pendant ou après l'effort et le seul ajout de 1 g de sel de cuisine dans un litre suffira quel que soit le cas (y compris pour des températures extrêmes).

En ce qui concerne les autres éléments ajoutés aux boissons d'effort, aucun argument scientifique n'a pu actuellement prouvé un besoin quelconque.

Puisque nous avons vu que la réhydratation pendant l'effort était forcément incomplète, il faut envisager la restitution du stock hydrique après l'arrêt de l'exercice. Plus l'état de déshydratation est important et plus le temps de restitution sera long, car la vitesse d'assimilation de l'eau n'est pas proportionnelle au degré de déshydratation. De la même façon que durant l'effort, il faudra restituer en même temps les stocks de glycogène, ceci favorisant également l'état d'hydratation par la rétention d'eau que cela entraîne. C'est donc encore vers une solution d'eau et de glucides que nous nous orienterons (voir paragraphe sur la restitution glycogénique p. 119).

Quant à l'éventuelle constitution d'une surcharge hydrique avant l'effort, elle ne peut se faire, car tout état d'hyperhydratation de l'organisme induit une diurèse qui élimine l'eau retenue : ceci explique d'ailleurs qu'il n'y ait aucun danger à boire autant que l'on veut, pourvu que ce soit de l'eau. Seule la surcharge glycogénique déjà envisagée peut en partie augmenter la quantité d'eau retenue dans l'organisme. On se limitera donc dans les heures qui précèdent une épreuve à boire 100 à 150 ml toutes les 20 à 30 minutes en ayant soin de s'arrêter une demi-heure avant pour le problème de diurèse déjà évoqué.

4.2. Le surentraînement

4.2.1. ASPECT GÉNÉRAL

Au-delà d'une certaine charge en activités physiques d'entraînement ou de compétition dépendant de leurs contenus apparaît un état de fatigue aiguë et/ou chronique dénommé chez le sportif surentraînement. Cet état comporte des signes subjectifs et objectifs qu'il est souvent difficile de mettre en évidence. L'état physique du sportif peut, selon les cas, majorer ou minorer ces signes et rendre le diagnostic difficile ou abusif. Le principe même de l'entrainement n'est-il pas d'amener le sujet à la limite du surentraînement ? La limite est souvent étroite et une bonne performance précède souvent une traversée du désert qui conduira le sportif qui ne comprend pas ce qui lui arrive à consulter les plus grands spécialistes sans autre résultat qu'un diagnostic *a posteriori* de surentraînement.

A côté des signes subjectifs ou non spécifiques tels que l'insomnie, voire l'hypersomnie, la baisse de l'appétit, l'amaigrissement, l'irritabilité, la dégradation des facultés intellectuelles qui sont essentiellement du domaine du mental, nous nous intéresserons principalement ici aux signes biologiques ou physiologiques objectifs qui peuvent permettre, dans une certaine mesure, de prévoir ces situations nuisibles pour le sportif, d'en affirmer la réalité et, dans une certaine mesure, d'en différer l'apparition et de les traiter rationnellement.

4.2.2. LES SIGNES CARDIOVASCULAIRES

Ce sont les signes les plus sérieux. Ils constituent une sorte de sonnette d'alarme qu'il serait dangereux de transgresser. Le sport s'il protège relativement le sujet de bon nombre d'affections dégénératives, expose par contre le cœur à une pathologique de surcharge dont les signes avant coureurs sont les anomalies auscultatoires et les troubles du rythme. On ne saurait trop encourager les sportifs à ne pas négliger les examens systématiques cardiaques reconnus par la réglementation. S'il est vrai qu'un bilan normal de repos ne donne pas la garantie formelle qu'aucun problème ne surviendra par la suite, il est également vrai que la très grande majorité des anomalies cardiaques graves chez le sportif n'apparaissent pas du jour au lendemain et qu'un examen régulier (trois fois par an) met le sujet à l'abri de problèmes graves. La prise au sérieux par le sujet d'une « banale » crise de palpitations peut lui sauver la vie. Trop de sportifs sont encore aujourd'hui victimes de leur négligence en ce domaine. La contrainte des examens réguliers est pourtant minime. Un bilan normal donne un feu vert pour quelques mois pendant lesquels le sportif pourra s'adonner à son sport favori sans restriction.

Au niveau vasculaire, le risque majeur est celui de l'hypertension et de la rupture d'anévrisme. La surveillance de la tension artérielle fait partie de l'examen systématique. Une diminution de la différence entre la tension systolique et diastolique peut être considérée comme un signe de fatigue ou d'inadaptation cardiovasculaire de même qu'une augmentation ou une diminution de la tension systolique par rapport aux valeurs habituelles du sujet.

La simple mesure du pouls le matin au réveil constitue une évaluation le plus souvent fidèle de l'état de forme du sujet. Une augmentation brutale inexplicable par un changement de mode de vie ou une maladie infectieuse est un signe pertinent de fatigue annonçant un état de surentraînement. La fréquence cardiaque du matin peut être considérée comme un indice de tolérance à l'entraînement des jours précédents et peut servir à modifier le programme de la journée.

Mieux que la simple mesure de fréquence cardiaque au réveil, la réalisation régulière du test de Ruffier-Dickson (30 flexions complètes des membres inférieurs en 45 secondes) permet d'évaluer la forme et la tolérance du sujet à son entraînement. Comme pour tous les tests, le respect strict du protocole est absolument nécessaire pour la fiabilité de ce test. L'évolution des valeurs calculées à partir des fréquences cardiaques apporte plus de renseignements que la place de l'indice dans les échelles d'interprétation proposées. Il est utile de calculer les deux indices (indice de Ruffier = indice d'endurance, indice de Dickson = indice de résistance).

L'élévation de une ou deux unités des indices doit conduire à une réduction globale de la charge d'entraînement pour les jours qui suivent. Cette réduction doit porter en priorité sur les exercices intenses. Il est possible et même le plus souvent salutaire, de garder intact l'entraînement en volume aérobie.

La répétition de ce test permet au sujet de mieux se connaître et de mieux faire correspondre ses sensations avec une certaine réalité physiologique donc d'éviter certaines erreurs.

4.2.3. LES SIGNES BIOLOGIQUES VISIBLES SUR LES ANALYSES DE SANG

Au-delà d'un certain volume annuel d'entraînement peuvent apparaître un certain nombre d'anomalies sanguines que nous avons présentées dans les chapitres spécifiques (VCC). Sur des bilans régulièrement pratiqués (idéalement trois à quatre bilans sanguins annuels) un certain nombre de paramètres peuvent être considérés comme évocateurs de surentraînement. Toute poursuite de l'entraînement non modifié aggravera progressivement ces anomalies, diminuera la tolérance du sujet à l'entraînement et pour finir conduira à une baisse paradoxale des performances. Aucun paramètre n'est isolément spécifique du surentraînement. Par ordre d'importance décroissante, les paramètres les plus communément accessibles sont :

— **Le taux d'hémoglobine**. Le détail de l'évolution de ce paramètre a été donné avant dans cet ouvrage (VCC). En dessous de 12 g % chez la femme et de 13,5 g % chez l'homme, apparaît chez le sujet une inaptitude à l'entraînement. La poursuite de l'entraînement ne fait qu'aggraver la situation et retarde le retour à un état physiologique rendant l'entraînement à nouveau payant et restituant la possibilité de réaliser les meilleures performances. Comme pour beaucoup d'autres paramètres, la variation du taux est plus importante à prendre en compte que sa valeur absolue. Il convient d'être très vigilant par rapport à ce paramètre notamment chez tous les sujets qui, dans leur entraînement, ont un important volume de préparation en course à pied (à cause de l'hémolyse plantaire) ou en exercices susceptibles de créer des états d'acidose itératifs. Par rapport à ce paramètre, l'alimentation joue un rôle majeur préventif et même curatif dans une large mesure. Ce paramètre ne doit pas être interprété isolement, mais à la lumière des paramètres explorant le stock de fer et l'inflammation en particulier.

— **La ferritine**. Elle évalue les stocks de fer dans l'organisme c'est-à-dire l'équilibre entre les apports (par l'alimentation) et les besoins qui sont majorés chez le sportif à cause du renouvellement accéléré du tissu musculaire et des transporteurs de l'oxygène (hémoglobine, myoglobine). En dessous du premier tiers de la fourchette de la valeur normale de biologie, un risque de déficit même partiel existe pour les semaines suivantes, majoré si des compétitions ou des entraînements intensifs sont programmés. L'anticipation est ici aussi la règle. Si on attend le bilan suivant pour confirmer l'épuisement des stocks, on fait perdre plusieurs mois d'entraînement au sportif (les mois d'entraînement en état de déficit en fer plus les mois nécessaires au retour à un stock normal). Pour éviter cet écueil, certains pays donnent à titre systématique par anticipation et à l'aveuglette du fer à leur athlète. Pour notre part nous pensons qu'il est préférable, puisqu'on dispose d'un moyen de bonne spécificité d'évaluation des stocks, de ne se prononcer qu'au vu des résultats en conservant néanmoins une marge de sécurité. L'abus de fer peut conduire à des pathologies iatrogènes potentiellement graves au point d'injection en cas de piqures ou au niveau du foie presqu'exclusivement rencontrées en cas de prescription inadaptée.

— **Le bilan inflammatoire**. L'augmentation de la vitesse de sédimentation et certaines anomalies visibles sur l'électrophorèse lorsqu'elles atteignent un certain taux évoquent le surentraînement. Il est difficile de donner des chiffres précis mais le surentraînement peut être évoqué lorsque la vitesse de sédimentation dépasse 5 millimètres après la première heure et 15 après la deuxième heure surtout si l'électrophorèse des protéines montre une inflammation franche. Quelques jours d'allègement de l'entraînement suffisent pour faire rentrer dans l'ordre ces paramètres. Il faut néanmoins s'assurer que le syndrome inflammatoire est pur et n'est pas associé à un état infectieux en incubation ou déclaré. Un discret syndrome inflammatoire ne doit pas être considéré comme alarmant, mais comme normal dès l'instant que la pratique sportive dépasse 10 heures hebdomadaires. L'inflammation est, jusqu'à un certain point, un syndrome physiologique de défense naturelle et d'adaptation.

— **Le stock de magnésium**. Ce paramètre fait actuellement l'objet de controverses et aucune corrélation scientifique n'a été établie entre la baisse du magnésium globulaire et le surentraînement. Il reste vrai que la pratique quotidienne conduit à rencontrer des sportifs fatigués dont le bilan met en évidence une carence en magnésium. Dans bon nombre de cas une modification des apports, d'abord par l'alimentation et, si besoin, complétée par des formes concentrées, restaure rapidement les aptitudes du sujet. Par ailleurs certains records ont été battu par des sujets présentant un déficit important et un certain pourcentage des sujets carencés restent réfractaires aux thérapeutiques de recharges même par la voie intraveineuse. A condition de respecter les posologies thérapeutiques et des adapter en fonction des analyses, l'usage du magnésium est inoffensif et il est dans l'intérêt du sportif d'essayer cette thérapeutique. Elle ne sera toutefois pas associée à une thérapeutique martiale si celle-ci est nécessaire. Il est en effet probable qu'il existe une interférence au niveau digestif entre ces deux ions conduisant à une malabsorption. Il convient de procéder alors à une thérapeutique alternée par demi-journée ou un jour sur deux ou d'utiliser deux voies d'administration différentes (voie orale pour l'un, voie parentérale pour l'autre).

— **Le taux de gammaglobulines**. Ce paramètre est chiffré par l'électrophorèse des protéines et témoigne de l'effet immuno-suppresseur de l'activité physique cumulée jour après jour. Il n'est pas lui même un paramètre spécifique du surentraînement mais peut être considéré comme une sorte d'indice de travail cumulé donc annonciateur d'un état de surentraînement. C'est la baisse de ce paramètre qui quantifie ce phénomène. En dessous de 11 % existe un risque majoré d'infection. De plus, si une infection se déclare, elle sera plus sévère que chez un sujet présentant un taux normal de gammaglobulines. Dans les chapitres spécifiques, nous avons évoqué avec plus de détail ces mécanismes et les moyens de protection qu'il est possible de mettre en œuvre.

— **Autres paramètres utilisables pour l'évaluation au quotidien**. De nombreux paramètres ont été proposés et sont utilisés au quotidien dans certains pays occidentaux pour évaluer chaque matin, lors des stages en général, l'état de forme des athlètes. Il s'agit de la mesure de l'hématocrite, de la lactatémie, de l'urée, de l'ammoniaque ou des enzymes musculaires (créatine kinase en particulier). Tous ces paramètres sont effectivement concernés par l'activité physique dans le sens d'une augmentation dans les heures qui suivent les exercices prolongés et/ou intenses. Aucun d'eux ne peut être considéré comme spécifique du surentraînement. Ils peuvent dans certains cas confirmer tardivement un surentraînement plus évident sur les autres paramètres évoqués. Parmi ces paramètres, le lactate et l'ammoniaque seraient les plus utiles. La contrainte de leur réalisation individuelle quotidienne n'est, à notre avis, pas justifiée par les renseignements qu'ils apportent, qui sont faiblement documentés dans la littérature scientifique sportive.

Malgré la difficulté qui existe la plupart du temps à l'affirmer, le surentraînement est une réalité qui peut affecter n'importe quel sportif à n'importe quel niveau et de façon parfois inattendue. La vigilance est donc la règle et le suivi physiologique et biologique peut, grâce à l'évaluation régulière des paramètres évoqués, éviter cet écueil qui ne bénéficie ni à l'athlète ni à la discipline. Plus les effectifs dans les équipes sont faibles, plus cet aspect doit être pris au sérieux. Le repos est en effet la modalité la plus physiologique de traitement du surentraînement, mais elle n'est applicable que si l'effectif résiduel des équipes est suffisant pour couvrir le calendrier des compétitions.

CHAPITRE 5

LES STAGES D'ALTITUDE

L'engouement des sportifs pour les stages en altitude contraste bien avec le peu de preuves scientifiques de leur efficacité. La finalité de ces stages serait de développer les aptitudes du sujet à tolérer une moindre disponibilité organique en oxygène et donc à développer des adaptations lui permettant de mieux transporter et utiliser l'oxygène disponible.

Globalement, il n'existe pas de preuves expérimentales de l'efficacité des stages en altitudes moyenne ou assez élevée (1 500 à 2 500 m) sur la performance aux altitudes basses. L'augmentation de la VO_2 max consécutive à ce type de stage semble concerner surtout les sujets pas ou peu entraînés. Chez les athlètes de haut niveau, des baisses de $V0_2$ max ont même été rapportées. Dans tous les cas, il est difficile, voire impossible, à la lumière des études réalisées de mettre en évidence l'effet intrinsèque de l'entraînement en altitude. La plupart des études montrent que les bénéfices attendus de l'altitude et de l'entraînement ne s'ajoutent pas, mais se substituent réciproquement. Il semble également que les différences de tolérance individuelle soient importantes. Ce type de stage semble ne convenir qu'à un pourcentage relativement faible de sportifs. La majorité n'en tire aucun profit significatif. Un pourcentage important, impossible à chiffrer, s'adapte mal et voit leur état physiologique se détériorer après ces stages. Le contenu de l'entraînement peut considérablement modifier la réponse individuelle. La baisse parfois observée de la VO_2 max ne signifie toutefois pas systématiquement une baisse de performance du sujet puisque la performance est dépendante plus du seuil que du maximum de VO_2. Par ailleurs, quelle que soit la réaction individuelle à la suite immédiate du stage, l'évolution ultérieure peut conduire à des états de forme eux-mêmes variables. Tel sujet termine son stage très fatigué avec baisse de ses performances et quelques jours plus tard pourra ressentir, par le mécanisme dit de surcompensation, un état de forme jamais connu qui s'assortira d'un progrès des performances. A l'inverse d'autres sujets ayant bien supportés l'entraînement en altitude voient leurs performances, au retour en plaine non modifiées ou abaissées. Tous les cas sont possibles, imprévisibles et souvent peu reproductibles même pour un même sujet.

Peu de points semblent acquis mise à part l'augmentation du taux d'hémoglobine qui semble constant à condition que le stage soit effectué à une altitude suffisante (1 500-2 500 m) et d'une durée supérieure à deux semaines.

Ce mode particulier, mais séduisant, de préparation doit donc être utilisé avec prudence. Il convient de procéder individuellement à plusieurs essais bien surveillés et bien évalués avant d'avoir la garantie d'une réelle efficacité ou, au minimum, d'une certitude d'innocuité. L'évaluation de paramètres d'adaptation et de surentraînement doit être particulièrement bien soignée pour y voir clair.

Parmi toutes les modalités pratiques de réalisation des stages d'altitude, deux semblent plus intéressantes que le classique séjour/entraînement à altitude fixe. La première consiste à séjourner à une altitude moyenne et à monter ponctuellement pour chaque séance à une altitude relativement élevée (2 000-2 500 m ou voire plus). Cette modalité semble bien convenir au sujet ayant des difficultés de sommeil et/ou de type neurovégétatif en altitude, mais qui par ailleurs ont une bonne adaptation cardio-vasculaire et respiratoire à l'altitude. Ceci reproduit la modalité déjà ancienne, mais toujours actuelle d'entraînement en hypoxie. Une deuxième possibilité consiste à faire le contraire, c'est-à-dire à séjourner au moins pour la nuit à des altitudes élevées (3 000 à 4 000 m) et à redescendre à des altitudes de l'ordre de 1 800-2 000 mètres pour s'entraîner. Cela ne peut concerner que des sujets n'ayant pas de problème de sommeil en altitude. La justification physiologique n'est pas évidente à trouver dans la mesure où le repos nocturne est le moment privilégié pour les réparations tissulaires dont on sait qu'elles se passent d'autant mieux que le métabolisme oxydatif est plus efficace et que le repos est plus profond. Ce type de pratique conviendrait néanmoins à un petit pourcentage de la population sportive. Il correspond plus que les autres au principe consistant à se situer à la limite des adaptations physiologiques de façon à les reculer.

Si l'efficacité des stages est sujette à caution, il est par contre acquis qu'il est très préjudiciable pour les disciplines d'endurance de vivre et de s'entraîner à une altitude inférieure à celle de compétition. La situation contraire, dans la limite de quelques centaines de mètres semble la plus sage. Un paramètre annexe lié à l'altitude peut prendre une grande importance chez certains sujets. Il s'agit des troubles digestifs. L'équilibre alimentaire et biologique déjà précaire chez le sportif peut subir une décompensation de ce seul fait, par le biais par exemple des malabsorptions de vitamines, oligo-élements et même de nutriments énergétiques liées aux diarrhées motrices dont la fréquence est augmentée en altitude.

En plus des critères subjectifs d'adaptation à l'altitude, il est utile de suivre l'évolution de la fréquence cardiaque basale du matin et si possible de réaliser tous les matins un test de Ruffier-Dickson.

Il est normal au début du séjour d'avoir des indices supérieurs de 2 à 3 unités aux indices de référence à l'altitude habituelle de séjour du sujet. Trois à cinq jours sont habituellement nécessaires pour observer un retour de la fréquence de base et des indices vers des valeurs proches de celles de référence. Le maintien de valeurs hautes ou l'accentuation de l'élévation témoigne d'une inadaptation du sujet justifiant l'arrêt du stage en altitude.

LEXIQUE

Acidose. Tendance à l'augmentation de la concentration des ions H^+ dans le plasma et les liquides interstitiels. • 1. Sens strict, seul correct : abaissement du pH du plasma du sang artériel au-dessous de 7,40. • 2. Sens usuel, mais peu recommandable : modification du taux des substances tampons du plasma, tout spécialement des bicarbonates.

Endurance. Terme couramment employé en médecine sportive pour désigner la poursuite d'un effort de faible ou moyenne intensité, de manière très prolongée, sans essoufflement ni tachycardie marqués. Voir aussi : résistance.

Ergométrie. Mesure de la force d'un ou plusieurs muscles à l'aide d'un ergomètre ou dynanomètre.

FAD flavine adéninedinucléotide est le coenzyme de nombreuses déshydrogénases intervenant dans plusieurs réactions d'oxydoréduction.

Fer héminique. Fer provenant de l'hémoglobine et de la myoglobine des animaux (viandes, foie...)

Fer non héminique. Fer non incorporé dans une structure héminique.

Glycogénèse. Formation de glycogène à partir d'hydrates de carbone.

Glycogénolyse. Libération de glucose à partir du glycogène.

Glycogène. Substance amylacée constituant la réserve en sucre de l'organisme (au niveau du foie et des muscles).

Glycolyse. *(Angl. glycolysis). Syn. voie d'Embden-Meyerhof.* Voie de dégradation du glucose-6-phosphate aboutissant à la formation de pyruvate et permettant de fournir à la cellule de l'énergie (deux molécules d'ATP) et un certain potentiel réducteur (par réduction du NAD).

Krebs (cycle de).*Syn. cycle triearboxylique, cycle critique.* Voie métabolique cyclique, commune au catabolisme oxydatif final des glucides, des lipides et des acides aminés, fonctionnant dans les mitochondries des cellules aérobies.

Lipolyse. Libération des acides gras à partir des triglycérides.

Lipogénèse. Formation des graisses de réserve sous forme de triglycérides.

Liponéogénèse. Formation de graisses à partir d'hydrates de carbone (dans le foie et le tissu adipeux).

Myoglobine. Chromo-protéine musculaire formée d'une molécule d'hème reliée à un polypeptide comprenant 153 acides aminés. La myoglobine stocke de façon réversible l'oxygène avec lequel elle a plus d'affinité que l'hémoglobine.

NAD. *(Abrév. de nicotinamide-adénine-dinucléotide). Syn. désuet DPN.* Coenzyme dinucléotidique formée de l'association d'acide adénylique et de nicotinamide-mononucléotide. Transporteur d'hydrogène essentiel au métabolisme cellulaire, il existe à l'état oxydé : NAD^- et à l'état réduit, NADH.

Néoglucogénèse. Formation de glycogène à partir de certains acides aminés et de lipides.

Osmolarité. Concentration moléculaire en particules osmotiquement actives d'une solution exprimée en mosmoles/litre.

Osmolalité. Concentration moléculaire en particules osmotiquement actives d'une solution exprimée en mosmoles/kilo.

Quetelet. Indice de corpulence ou BMI exprimé par le rapport du poids sur la taille au carré en mètre.

Résistance. Terme couramment utilisé en médecine sportive pour désigner la poursuite, pendant un temps maximum, d'un effort le plus intense possible, à la limite des possibilités cardiaques et ventilatoires.

Végétarisme. Doctrine diététique qui exclut de l'alimentation les produits du règne animal mais autorise ses dérivés (lait, fromage, beurre et œufs).

Végétalisme. Doctrine diététique dérivée du végétarisme qui n'autorise la consommation que de produits provenants du règne végétal.

BIBLIOGRAPHIE

Aspects fondamentaux de l'entraînement, J.P. Matveiev, Vigot.

Bases physiologiques de l'activité physique, Fox et Mathews, Vigot.

Biochemistry of exercice, J. Poortmans, G. Niset, University Park Press.

Biochimie alimentaire, C. Al Ais, G. Linden, Masson.

Bioénergétique de l'exercice musculaire et de l'entraînement physique, M. Rieu, Presses Universitaires de France.

Diététique du sportif, D. Blanc, Amphora.

Équilibre alimentaire et sports d'endurance, D. Riche, Vigot.

Évaluation physiologique de l'athlète de haut niveau, J.D. MacDougall, H.A. Wenger, H.J. Green, Decarie-Vigot.

Harper. Précis de biochimie, D.K. Granner, P.A. Mayes, R.K. Murray, V.W. Rodwell, Presse de l'Université Laval, Eska (Québec, Paris).

La cellule. Biologie moléculaire, J. Darnell, H. Lodish, D. Baltimore, Decarie-Vigot.

Le marathon, F. Perronet, G. Thiebaud, M. Ledoux, G. Brisson, Decarie-Vigot.

Manuel d'entraînement, J. Weineck, Vigot.

Manuel de physiologie de l'exercice musculaire, P.C. Astrand, Rodahl, Masson.

Manuel du sportif blessé, L. Peterson, P. Rentrom, Decarie-Vigot.

Muscular function in exercice and training, P. Marconnet, P.V. Komi, Karger.

Nutrition et sport, H. Monod, Masson.

Nutrition, masse corporelle et activité physique, F. Katch, W.D. Mac Ardle, Vigot.

Physiologie de l'activité physique, W.D. Mac Ardle, F. Katch, V. Katch, Vigot.

Physiologie du sport, H. Monot, R. Flandrois, Masson.

Sports women, M.J. Adrian, Karger.

Achevé d'imprimer par Corlet, Imprimeur, S.A.
14110 Condé-sur-Noireau (France)
N° d'Imprimeur : 1701 - Dépôt légal : octobre 1991
Imprimé en C.E.E.